航空发动机新技术丛书

国家出版基金项目
NATIONAL PUBLICATION FOUNDATION

先进组合压气机技术

Advanced Technology of the Axial – Centrifugal Combined Compressor

主编　温 泉

副主编　银越千　金海良

北京航空航天大学出版社

内 容 简 介

组合压气机是中小型航空发动机压缩系统的主要类型,近 20 年来,组合压气机的设计技术得到了长足发展,国际上,气动新技术、新结构、新材料等在许多先进组合压气机的研制中得到了广泛应用,极大地促进了先进中小型航空发动机的研制。

本书共 4 章,重点介绍了组合压气机的发展现状和发展趋势,先进组合压气机的气动设计与分析技术,新结构、新材料及新工艺的应用技术,组合压气机的试验测试技术,同时也介绍了未来组合压气机设计要突破的主要关键技术。本书介绍的组合压气机先进技术大部分是作者单位、相关合作单位在组合压气机技术预研和型号研制攻关工作中所形成的技术成果,并已广泛用于高压比、高性能的组合压气机型号研制中。

本书可供从事组合压气机设计工作的工程技术人员参考使用,也可作为航空航天动力、燃气轮机、工程热物理、流体机械及工程等专业的参考书籍。

图书在版编目(CIP)数据

先进组合压气机技术 / 温泉主编. -- 北京 : 北京
航空航天大学出版社,2023.1
ISBN 978 - 7 - 5124 - 4011 - 1

Ⅰ. ①先… Ⅱ. ①温… Ⅲ. ①航空发动机－压缩机－
技术 Ⅳ. ①V233.6

中国国家版本馆 CIP 数据核字(2023)第 013270 号

先进组合压气机技术
主编 温泉
副主编 银越千 金海良
策划编辑 周世婷 责任编辑 龚 雪
*
北京航空航天大学出版社出版发行
北京市海淀区学院路 37 号(邮编 100191) http://www.buaapress.com.cn
发行部电话:(010)82317024 传真:(010)82328026
读者信箱: goodtextbook@126.com 邮购电话:(010)82316936
北京雅图新世纪印刷科技有限公司印装 各地书店经销
*
开本:710×1 000 1/16 印张:16 字数:341 千字
2023 年 2 月第 1 版 2023 年 2 月第 1 次印刷
ISBN 978 - 7 - 5124 - 4011 - 1 定价:109.00 元

《航空发动机新技术丛书》
策 划 委 员 会

自 20 世纪 60 年代以来,世界中小航空涡轮发动机及其压气机的发展取得了巨大进步。以美国、欧洲为代表的先进航空国家的航空发动机及其压气机设计技术和产品长期保持着高速发展的态势,并已经达到极高的技术水平。发动机及其压气机的性能、可靠性、使用维护性等各种指标得到极大提高。美国 GE 公司的 T901 涡轴发动机组合压气机采用了三维气动设计、自循环机匣处理等先进技术,该技术使得其压气机在目前的尺寸限制条件下压比和效率得到大幅增长,该型压气机为目前技术水平最先进的轴流离心组合压气机。

国外组合压气机性能的不断提升主要得益于国外长期在基础数据、模型、机理及前沿技术的积累与突破,已形成了从一维、二维、准三维至全三维定常、非定常流动分析与优化等精细层次设计各异的设计方法。与国外相比,国内组合压气机研发体系的搭建起步较晚,基础薄弱,一些关键技术如新式扩稳技术、喘振预测技术等成熟度偏低,对其机理的认识及试验的验证不足,且与先进组合压气机相匹配的新材料、新工艺和新结构的应用大多处于起步阶段。因此,急需对先进技术进行全方位的梳理,找出薄弱环节,为奋力追赶国外最先进的组合压气机设计水平指明方向。

压气机作为一种十分复杂的流体机械,其设计过程一般分为方案论证、方案设计、详细设计和工程设计四个阶段。方案论证阶段主要完成压气机的可行性论证;方案设计阶段主要完成压气机的多方案设计分析、气动性能计算分析、主要零件强度寿命评估以及结构方案总图设计工作;详细设计阶段要求完成压气机的细节设计,并使计算性能达到指标要求,结构强度满足设计要求;工程设计阶段主要完成叶型数据等文件报告的编制及工程图样的绘制等工作。气动设计、结构设计、传热分析、强度设计和分析等工作贯穿于四个设计阶段,并在设计工作完成后开展相关试验件的加工和试验验证工作,最后通过对比分析试验结果与设计结果,为压气机的后续改进及优化设计提供依据。这里列出的压气机一般设计流程主要是使读者对压气机的设计过

程有一个全面的了解,但本书的撰写不是按照压气机的设计流程开展的,而是重点介绍压气机设计过程中所用到的先进技术和前沿探索成果,并希望对从事压气机研发相关工作的人员起到一定的启发和促进作用。

第 1 章首先介绍了主要采用离心和组合压气机作为压缩部件的中小型航空发动机的类型、功率(推力)范围和主要技术特点。其次介绍了中小型航空发动机压气机的主要类型,区别于大型航空发动机压气机的主要技术特点,重点介绍了离心组合压气机的内部流动特点,此外还简要介绍了中小型航空发动机的压气机选型方法。最后介绍了中小型航空发动机的国内外发展现状和未来发展趋势,并给出了一种压气机技术指标先进性的评价方法。

第 2 章主要介绍了组合压气机的气动设计及分析技术,气动设计从轴流和离心气动设计这两个方面来进行分类,其中轴流的气动设计从一维、S2 通流计算及叶片造型技术这几个方面进行阐述;离心的气动设计从一维及造型技术两个方面进行阐述。然后介绍了组合压气机过渡段的设计,以及叶片的参数化造型及相应的多目标优化方法。另外介绍了几种轴流和离心通用设计技术,以及组合压气机的数值仿真技术,最后对稳定性分析评估技术进行了阐述。

第 3 章主要介绍了组合压气机结构设计与新材料及新工艺技术。结构设计主要介绍了转子叶片盘设计技术、转子连接设计技术、静子叶片调频技术;新材料与新工艺主要介绍了双合金轮盘、增材制造技术以及先进整体叶片盘修复技术。

第 4 章主要介绍了压气机试验与测试技术,试验技术主要分为试验技术简介、压气机喘振识别与退喘技术、压气机进气调节与稳流技术、压气机可调叶片和放气活门控制技术;测试技术主要由叶尖振幅测量技术、温度测试技术、压力测试技术、受感器设计技术以及叶尖间隙测量技术组成。

本书较为详细地介绍了目前组合压气机的气动设计与分析技术、结构设计技术与新材料及新工艺应用、试验与测试技术等在国内外已使用或者未来即将使用的先进技术,并且给出了目前组合压气机各方面设计中遇到的主要难点及国内外可能的解决方案。书中所介绍的不少组合压气机先进技术为作者单位——中国航发湖南动力机械研究所(简称中国航发动研所)与相关合作单位和个人提出或发展的,并已在中国航发动研所的型号和项目中得到成功验证。本书的编写宗旨并不是系统介绍组合压气机的研发过程、流程和基本原理,目的也不是使读者阅读本书后能全新设计一台先进组合压气机,而是分散介绍组合压气机研发过程中所用到的各种先进技术,面向的读者不是未学习过叶轮机械原理等相关知识的学生,而是具备相关专业知识和一定研发工程经验的压气机研发人员。限于作者知识所限,本书仅为抛砖引玉,为从事航空发动机组合压气机的研发人员提供借鉴与参考。

本书是在中国航发动研所一线压气机设计人员的共同帮助下完成的。第 1 章主要编写人员为温泉、银越千、金海良、张鹏、谢建、陈璇等;第 2 章主要编写人员为温泉、银越千、金海良、稂仿玉、谢建、陈璇、余佳、吴仕钰、杨元英、刘西武、徐威阳等;第 3 章主要编写人员为史善广、王国文、邵春雷、朱银方、王涛、查小晖、景晓明、周威、刘国栋、贺飞、陈鼎欣等;第 4 章主要编写人员为毛发金、刘欢、刘超、赵岩、易维、张波、黄希望等。本书编写过程中,中国航发动研所的邹学奇、袁巍、石林、贺象、杨晶晶、张锦纶、杨元英、朱玲、彭文雯、刘世和、张燎源等,均对书中内容提出了宝贵意见。此外,还有不少设计人员为本书提供了部分参考资料,不再一一列出。在此,对参与本书编写的设计人员和对本书提供过帮助的专家和学者一并致以诚挚的谢意。

作 者

2022 年 9 月

符号表

A	过渡段面积(m^2)	DF	扩散因子
c_1	转子进口的绝对速度(m/s)	$\mathrm{DH}_{\mathrm{rator}}$	转子 de Haller 数
c_2	转子出口的绝对速度(m/s)	$\mathrm{DH}_{\mathrm{stator}}$	静子 de Haller 数
c_{1a}	转子进口的绝对速度在轴向的分量(m/s)	E	有效比
c_p	定压比热容	F_{ef}	速度三角形修正系数
$\hat{c}_a$	转子轴向速度比 c_{2a}/c_{1a}	G	流量(m^2/s)
C_2	静子进口的绝对速度(m/s)	h	内支撑环与腔体下端面的距离(mm)
$C_{p\max}$	最大静压升系数	h_{in}	进口高度(m)
$C_{p\mathrm{basis}}$	基础最大静压升系数	H_T	有限叶片的能量头(J/kg)
$(C_p/C_{p\mathrm{basis}})_\varepsilon$	叶尖间隙修正系数	$H_{T\infty}$	无限叶片的能量头(J/kg)
$(C_p/C_{p\mathrm{basis}})_{Re}$	雷诺数修正系数	KK	堵塞系数
$(C_p/C_{p\mathrm{basis}})_{\Delta z}$	轴向间隙修正系数	L	收缩段长度(mm)
$C_{p\mathrm{rator}}$	转子设计点静压升系数	L_u	转子叶片对气体做的功(J)
$C_{p\mathrm{stator}}$	静子设计点的静压升系数	n_s	比转速
C_h、C_p	静压升系数	p_1	转子进口静压(Pa)
$C_{p\mathrm{real}}$	设计点静压升系数	p_2	转子出口静压(Pa)
$C_{p\mathrm{stall}}$	失速点静压升系数	p_3	静子出口静压(Pa)
C_{slip}	滑移速度(m/s)	P_1^*	转子进口总压(Pa)
D_s	比直径	P_2^*	转子出口总压(Pa)
R	理想气体常数	P_3^*	静子出口总压(Pa)
R_1	收缩段入口截面尺寸(mm)	r_m	进口半径(m)
R_2	收缩段出口截面尺寸(mm)	r_{hub}、r_{shroud}	流道的根尖半径(m)
R_R	恢复比	w_1	转子进口相对速度(m/s)
$\hat{R}$	转子中径半径比 r_2/r_1	W_m 或 V_m	子午速度(m/s)
ΔR	平均半径径向差(m)	W_s	吸力面出口相对速度(m/s)
s_2	出口叶片栅距(m)	W_p	压力面出口相对速度(m/s)

T_1	转子进口的静温(℃)	x_m	两曲线前后连接点(mm)
t_{max}	支板最大厚度(m)	y^+	无量纲网格尺度
T_1^*	转子进口总温(℃)	Z	叶片数
T_2^*	转子出口总温(℃)	α_1	转子进口绝对气流角(°)
T_3^*	静子出口总温(℃)	α_2	转子出口绝对气流角(°)
T_j	传感器测得的温度(K)	α_3	静子出口绝对气流角(°)
T_g	真实温度(K)	β_1	转子进口相对气流角(°)
u_1	转子进口轮缘速度(m/s)	β_2	转子出口相对气流角(°)
u_2	转子出口轮缘速度(m/s)	β_{2b}	出口叶片角(°)
U_1	转子进口切线速度(m/s)	δ	叶片内支撑环与篦齿的间隙(mm)
U_2	转子出口切线速度(m/s)	δ_{p01}	转子进口总压扰动小量
U_t 或 U_2	切线速度(m/s)	δ_{p02}	转子出口总压扰动小量
V_{st}	轴向速度(m/s)	φ	流量系数
V_r	径向分速度(m/s)	φ_1	转子进口流量系数
W	相对速度(m/s)	φ_2	转子出口流量系数
$\eta_{p,r}$	转子多变效率	k	理想气体的比热比
ρ_1	转子进口密度	σ	滑移因子
ω	压气机的总损失	$s\omega_{sh}$	激波损失
w_2	转子出口相对速度(m/s)	ω_{sc}	二次流损失
ω_p	叶型损失	Ω_k	反力度
w_r	转子损失	Ψ	理论功系数
ω_s	静子损失	ψ	负荷系数

目　录

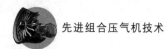
先进组合压气机技术

第 1 章

概　述

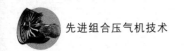

1.1　中小型航空燃气涡轮发动机简介

1.1.1　中小型航空燃气涡轮发动机的范围

中小型航空发动机主要是指推力和功率等级在中等以下的发动机,主要针对目前应用最广泛的燃气涡轮发动机和少量的活塞式发动机。关于中小型发动机的界定范围,根据文献[2]、[3]的定义,中型涡喷/涡扇发动机和中型涡桨/涡轴发动机的推力和功率上限分别设在 5 000 daN 和 5 000 kW,小型发动机的推力和功率上限分别为 500 daN 和 500 kW。这样界定主要是从发动机主要气动热力学及结构参数等方面考虑,如保证核心机空气流量大致相近,中型发动机一般为 15～25 kg/s,而小型发动机为 3.0～5.0 kg/s,这就保证了它们在设计和试验等技术方面的通用性。一个典型的例子是,处于中型发动机上端的 AE3000 系列涡扇发动机、AE2100 系列涡桨发动机和 T406 涡轴发动机采用相同的核心机。推力/功率分别小于 50 daN/50 kW 和 5 daN/5 kW 的发动机则属于微型和超微型发动机。中小型航空发动机的机种多,推力/功率档次差异大,结构类型各不相同,在军用和民用方面有广泛的用途,在国民经济和国防建设方面有重要的作用和地位。

1.1.2　中小型航空发动机的技术特点

中小型航空发动机是航空发动机的一个重要领域,它虽然可以借鉴大型发动机的研究成果和试验条件,但并非简单的是大型发动机的缩小型,因而在热力、气动和结构等方面有它自身独特的地方。其主要技术特点包括:

① 中小型发动机较小的空气流量和尺寸造成气动、结构和强度等方面的"尺寸

效应",即发动机尺寸减小,其气动和机械效率降低。因此需要研究小尺寸、小流量和低雷诺数条件下压气机、涡轮和整机气动热力技术,小尺寸高温高容热强度环形回流燃烧室设计技术,小尺寸气冷涡轮叶片冷却设计和制造技术,以及小尺寸构件的紧凑设计技术。

② 中小型发动机特别是涡轴发动机多采用轴流/离心压气机,甚至双级离心压气机。因此,需要研究高压比离心压气机技术、轴流和离心级的级间匹配技术以及离心级的匹配技术。

③ 中小型发动机的转子转速通常比大型发动机的高得多,例如功率 1 000 kW以下涡轴发动机的燃气发生器转速常常达到 50 000 r/min,因此高速转子动力学的研究和试验非常重要。要根据在其转速范围内出现多阶临界转速的情况,研究和选择最佳的支承刚度和阻尼系数,采取有效的减振措施,研究小刚度细长转子特有的高速甚至全转速动平衡技术。

④ 对于军用特别是武装直升机发动机,要研究进口粒子分离器和排气红外抑制器技术。

⑤ 对于无人机特别是高空无人机,对不同的发动机需要解决各自的问题。对于往复活塞式发动机,需要发展增压式发动机。对于旋转活塞式发动机,要解决高空补氧燃烧的冷却问题。对于涡喷/涡扇发动机,要解决高空低雷诺数条件下的压气机和涡轮性能问题以及系统在高空下遇到的各种特殊问题。

⑥ 对于巡航导弹发动机,其特殊的设计要求是:长期储存、一次使用、快速起动,有高的抗畸变和过载能力、尺寸小、重量轻、结构简单,不维护或少维护,成本低、可靠性高,环境适应性强。为此,需要发展相关的设计和制造技术。

因此,在航空发达国家有专门从事中小型航空发动机研制和生产的制造商,如加拿大的普·惠公司、法国赛峰直升机发动机公司和美国的霍尼韦尔国际公司。有些大型航空发动机集团,如 GE 公司和罗·罗公司在专门的分部或工厂内研制和生产中小型航空发动机。其政府也制订过中小型航空发动机技术研究计划,如美国综合高性能涡轮发动机技术(IHPTET)计划和经济可承受性的多用途先进涡轮发动机(VAATE)计划,以及欧盟启动的绿色航空发动机研制(VITAL)计划等。

| 1.2 中小型航空发动机压气机简介 |

1.2.1 主要类型

压气机按其工质流动的特点,可分为轴流式、斜流式、离心式三种基本结构形式。轴流式是指气流的流动方向与工作轮旋转轴心线的方向基本一致,径向速度非常小;离心式是指气流方向沿着半径方向或接近于半径方向;斜流式是指气流方向和旋转轴成一倾斜角。这三种基本结构形式可以根据设计需要组成不同类型的组合压气机,如多级轴流压气机、轴流离心组合压气机、双级离心压气机、斜流离心组合压气机等。中小型航空发动机一般采用单级离心压气机、双级离心压气机、轴流离心组合压气机或斜流离心组合压气机等几种压气机结构形式。这几种压气机结构形式根据其自身的技术特点,对应不同功率量级的发动机。法国透博梅卡公司按涡轴发动机的功率、压气机总压比,将涡轴发动机的压气机结构形式分为三档,功率为 500 kW 量级、压比为 10 左右的涡轴发动机一般采用单级离心压气机;功率为 1 000 kW 量级、压比为 15 左右的涡轴发动机采用双级离心或斜流离心组合压气机;功率为 2 000 kW 量级、压比为 17~20 的涡轴发动机采用轴流离心组合压气机或斜流离心组合压气机,目前世界上最先进的涡轴发动机的组合压气机压比已经达到 23~25 量级。因此,在中大功率范围和高压比涡轴/涡桨发动机中,轴流离心组合压气机成为该类型涡轴发动机的典型压气机结构形式。该类压气机结合了轴流级适应大进口流量、效率高以及离心级适应小流量、稳定工作范围宽广的特点,能够在较小的迎风面积和较少的级数下满足流量、压比和效率的多重要求。与在涡轴发动机中广泛应用的轴流离心组合压气机不同,由于现有的轴流离心组合压气机的技术基本能够满足涡轴发动机的研制需求,故斜流离心组合压气机在发动机上的应用较少。

1.2.2　技术特点

中国航发动研所的研究人员对中小型航空发动机采用的离心/组合压气机的主要技术特点,特别是其内部流动特点进行了详细的介绍。离心压气机主要应用于中小型航空发动机,尤其是涡轴发动机。离心压气机的特点是单级增压比高,稳定工作范围广,具有较好的抗腐蚀能力,能用单级离心压气机实现多级轴流压气机的增压效果,因此采用离心压气机的航空发动机具有体积小、重量轻、结构简单、转子刚性较佳、维修性好等优点,缺点是单位迎风面积的气流流量小。

中小型航空发动机采用的小流量轴流离心组合压气机中轴流压气机的技术特点与涡扇发动机采用的大流量轴流压气机的并没有本质区别,只是由于流道窄、叶片尺寸小,使得机匣轮毂环壁附面层损失和端壁泄漏及二次流损失占总损失的比例更大,三维特性及黏性影响更为突出,从而导致轴流压气机的效率有所降低。由于要兼顾离心压气机的设计,轴流离心组合压气机中轴流压气机通常采用驼背形流道形式,与常规多级轴流压气机相比,该形式的气动负荷更高,设计难度更大。轴流离心组合压气机中的离心压气机与单级离心压气机或者双级离心压气机相比,其技术特点主要体现在两方面:一是较低的比转速,二是较大的进出口半径比。正是上述特点决定了轴流离心组合压气机适宜采用驼背形流道形式,以降低离心压气机的设计难度,提高离心压气机的性能,从而获得更好的组合压气机性能。尽管中小型航空发动机采用的组合压气机的某些流动特点与大推力涡扇发动机压气机相似,但是鉴于组合压气机的独特结构,其内部流动也有自身的特征,而了解、分析和利用这些特征,将会是突破新一代中小型航空发动机中高负荷、高效率压气机技术的关键。

与轴流离心组合压气机相比,双级离心压气机具有以下优点:① 只需要两级就能够得到很高的压比,减少了压气机零件数,降低了加工制造成本,提高了可靠性;② 在喘振裕度相同的情况下,可以不采用可调导叶;③ 进口级为离心级,由于离心叶片较厚,故具有很好的抗外物损伤能力;④ 由于离心叶轮叶片具有超低展弦比,所以其具有很好的抗进气畸变能力。

1. 轴流压气机内部流动特点

相比大推力涡扇发动机,中小型航空发动机中轴流压气机的转速高、尺寸小,这导致轴流压气机内部流动逆压梯度大,三维性更强,整体流域的小尺寸使得叶顶间隙区与端壁附面层区在整个流域中所占的比例增大,中小型航空发动机中压气机普遍采用的小展弦比叶片使端壁附面层所占比例进一步增大,导致损失增大(尺寸效应)。随着组合压气机中轴流压气机不断向着高通流、高负荷方向发展,流场中不可避免地存在着大量的分离流动及旋涡结构,这些复杂的流体运动对压气机的正常运转及实现高负荷、高效率的目标有至关重要的影响。

(1) 转子通道内部流动特点

中小型航空发动机轴流压气机进口级一般为跨声级,马赫数较高,在转子槽道内会产生较强的激波,当气流经过激波后,动能减小,压力增大。在叶片吸力面表面,激波会与附面层相互作用,使附面层内部的低能流体动能进一步减小,抵抗分离的能力减弱;此外,中小型航空发动机的尺寸小、转速高,气流所受的离心力较大,叶片附面层内的流体本就有径向的潜移,经过激波后附面层内流体的动能进一步减小,径向潜移趋势增大,此时低能流体会在叶顶区域过度积累,使压气机尖部大面积区域效率较低。另外,由于间隙的存在,气流由压力面经过间隙流向吸力面并卷起旋涡,对于高负荷压气机,吸力面与压力面的压差增大,使叶顶间隙泄漏流增大,如图 1-1 所示。由于叶片尺寸较小,间隙所占比例远大于大流量的风扇/压气机,间隙泄漏损失显著

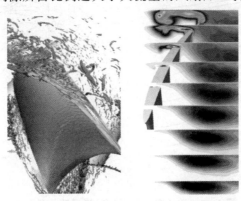

图 1-1 压气机叶顶间隙泄漏示意图

先进组合压气机技术

增加。最终激波、激波与附面层干扰、径向潜移、间隙泄漏使得中小型航空发动机轴流压气机的转子尖部性能显著降低，如图1-2所示。

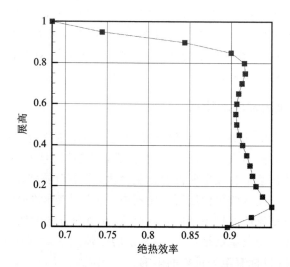

图1-2 典型中小型航空发动机压气机进口级转子效率随展高变化

针对小流量压气机进口级尖部的激波损失、激波与附面层干扰损失、间隙泄漏损失较大的特点，中小型航空发动机压气机进口级转子广泛采用任意中弧线的叶片造型方式，该类型叶片能够有效降低激波的强度，延缓激波附面层干扰后的分离，减弱附面层径向潜移的趋势，避免低能流体在叶顶区域的过度积累，大幅提高压气机进口级的效率。图1-3给出了某涡轴发动机压气机改进前后的进口级转子叶片角分布对比。其中造型采用从根到尖的11个截面，横坐标为无量纲的弦长，纵坐标为中弧线β角。

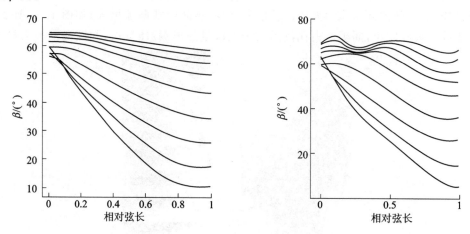

图1-3 改进前(左)后(右)转子叶片角分布

图1-4给出了该压气机转子叶片改进前后尖部截面的流场对比，由图1-4可

以看出,采用定制叶型设计后,激波波前马赫数明显降低,并且激波与附面层干扰产生的低速区域的面积明显减小;此外,尖部熵增明显减小,泄漏损失减少,转子尖部的性能得到提升;最后,给出了优化前后转子吸力面的极限流线及静压分布对比,从图 1-4 中可以明显看出,优化后,60%叶高以上激波后气体附面层径向潜移趋势减弱,这将延缓低能流体在叶顶区域的堆积,对压气机性能提高具有积极意义。

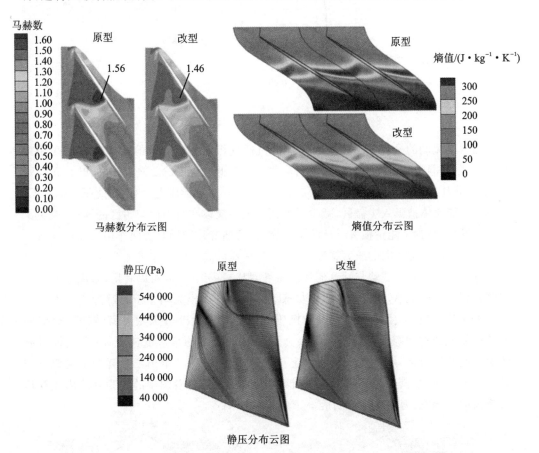

马赫数分布云图　　　　　　　　熵值分布云图

静压分布云图

图 1-4　改进前(左)后(右)转子流场对比

（2）静子通道内部流动特点

　　为确保组合压气机中离心压气机有足够的加功能力,必须降低离心压气机进口半径,这要求轴流压气机后面级流道必须下压,这会使叶片根部扩压度增大。中小型航空发动机压气机普遍采用小展弦比叶片,其端壁附面层本就较厚,此时扩压梯度过大会使端壁区附面层内的低能流体发生流动分离,这对压气机的稳定工作范围影响很大。图 1-5 给出了某涡轴发动机压气机末级静子的 de Haller 数与流场示意图,从图 1-5 中可以看出,该静子在 13%叶高以下 de Haller 数小于 0.64,这时该区域会发生流动分离。

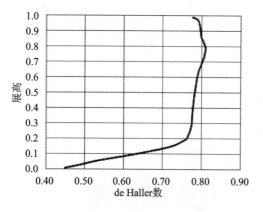

图 1-5　压气机末级静子的 de Haller 数与流场

　　为限制流动的分离,在涡轴/涡桨发动机压气机后面级静子的设计中广泛采用弯曲静子(弓形静子),该类型叶片在周向弯曲可以降低通道内的二次流损失,叶片正向弯曲后,在叶片吸力面形成了两端压力高、中间压力低的 C 形压力分布,在此压力梯度下,端部的低能流体被吸入主流区,减少了附面层低能流体在吸力面与角区的堆积,避免了分离的发生,减少了能量损失。从流动本质看,弯曲叶片利用其表面作用力在径向方向的大小与方向控制径向的压力梯度,使叶片负荷沿叶高方向分布更加合理。图 1-6 给出了弯叶片与直叶片试验与计算流场及特性对比。由图 1-6 可以看出,采用弯叶片后端壁分离区明显减小,并且在各迎角状态下的弯叶片的损失均小于直叶片。

　　由于尺寸较小,中小型航空发动机压气机的静子大部分采用悬臂结构。悬臂静子结构能够通过间隙泄漏流动吹除吸力面与轮毂形成的角区低速流体团,这样可有效地抑制角区分离,增加压气机的稳定工作范围。图 1-7 给出了悬臂静子与双支撑静子的结构对比,其中左图中的 δ 为叶片与轮毂的间隙,右图中的 δ 为叶片内支撑环与篦齿的间隙,h 为内支撑环与腔体下端面的距离。

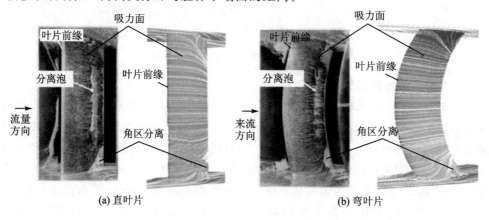

(a) 直叶片　　　　　　　　　　　　　　(b) 弯叶片

图 1-6　弯叶片与直叶片试验与计算流场及气动特性对比

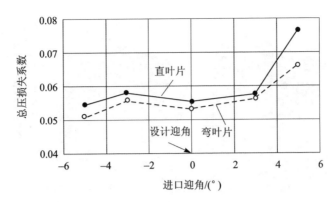

图 1-6 弯叶片与直叶片试验与计算流场及气动特性对比(续)

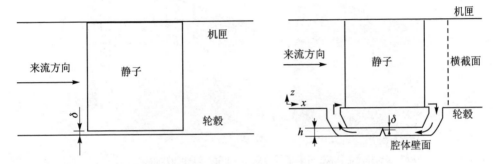

图 1-7 悬臂静子(左)与双支撑静子(右)结构对比

图 1-8 给出了某涡轴发动机压气机采用双支撑静子(0％轴向弦长)与悬臂静子不同间隙的(0.75％轴向弦长,1.5％轴向弦长,3％轴向弦长)流场对比。从图 1-8 中可以看出,采用悬臂静子后,根部角区附近的分离区大面积减小,但是随着间隙的增大,根部角区的分离面积没有进一步减小,反而因为泄漏流的增加,在叶片根部前缘附近产生了类旋涡状流动,这表明有无间隙对流场的分离影响较大,但随着间隙的增大,分离区的面积没有持续减小。图 1-9 给出了采用悬臂静子与双支撑静子压气机的性能对比。从图 1-9 中可以看出,采用悬臂静子后,压气机的效率略有减小,但稳定工作范围大幅增大。

为改善中小型航空发动机压气机部分转速性能,静子一般设计为可调静叶。可调静叶两端不可避免留有间隙,气体通过间隙从叶片压力面泄漏到吸力面,在吸力面角区形成涡流,导致流动损失。相比大推力涡扇发动机,中小型航空发动机压气机的展弦比更小、叶片弦长更长,这导致可调静叶转过同样角度时,叶片在叶顶必须留更多的间隙,并且由于尺寸较小,逆压梯度更大,使得中小型航空发动机压气机中可调静子间隙的损失远大于大推力涡扇发动机。

为减小可调静叶的间隙区损失,可以采用被称为“无升力”的端壁叶型设计技术(zero-lift)。图 1-10 和图 1-11 分别给出了修改前后不同叶型的可调静叶的叶型

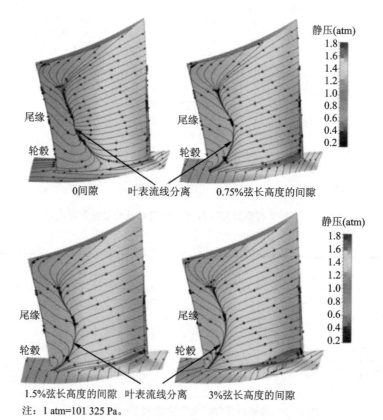

注：1 atm=101 325 Pa。

图 1-8 悬臂静子和双支撑静子不同间隙流场结构对比

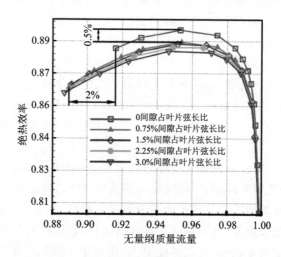

图 1-9 采用悬臂静子与双支撑静子压气机性能对比

及流场对比,其中实线为修改后的新叶型,虚线为原始叶型。由图 1-11 可知,两端叶型修改后,流场明显得到改善,叶片自由端间隙处的泄漏流动基本消除。

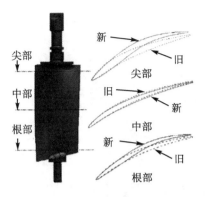

图 1-10　采用不同叶型的可调静叶结构

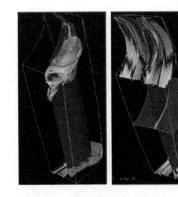

图 1-11　采用不同叶型的可调静叶流场对比

可调静叶的间隙对于压气机性能有重要影响,对于高负荷压气机更是如此。对可调静叶间隙流动的研究表明,可调静叶前缘间隙对性能的影响大于后缘间隙,因此在中小型航空发动机压气机的可调静叶设计中,尽可能将旋转轴前移,并且增加旋转轴端部的圆盘直径,使其覆盖叶片前缘,减少叶片前缘间隙处的泄漏流动,改善压气机失速裕度;此外,在更为先进的中小型航空发动机压气机中采用了可调静叶的非径向旋转轴设计。

2. 离心压气机内部流动特点

离心压气机是中小型航空发动机压气机采用的最普遍的结构形式。离心压气机内部流道长且折转角度大,受叶轮旋转、壁面曲率和叶顶间隙等因素的影响,在中小型航空发动机中广泛应用的半开式叶轮内部存在着泄漏、分离、回流以及射流尾迹等非常复杂的流动特征。并且,随着离心压气机压比的不断升高,叶轮逐渐由早期的高亚声叶轮变为高压跨声叶轮,除了激波损失增大外,激波还会与附面层和各种涡系发生强相互作用,这种复杂的相互作用会带来更多损失,影响离心压气机的效率与稳定工作范围。此外,扩压器进口马赫数也会随着压比的升高而增大,这会进一步导致离心压气机的损失增大,效率与稳定工作范围减小。

(1) 离心叶轮内部流动特点

激波在高压比离心压气机内部流场中广泛存在。在高压比离心压气机叶轮的吸力面,通常伴随着最高马赫数达 1.5 的强激波,如图 1-12 所示。激波是气动设计中的双刃剑,一方面,激波会带来大量的流动损失,当压气机进口马赫数为 1.4 时,激波将造成 4.2% 的进口总压的损失;而对于进口马赫数超过 1.4 的流动,激波损失将急剧上升。激波还会与附面层和各种涡系发生强相互作用,这种复杂的相互作用甚至会带来更多损失。另一方面,激波是非常有效的增压方式,当压气机进口马赫数为 1.4 时,激波能带来静压比 2.1 的收益。因此,在平衡压比、效率与稳定性的需求下,调整压气机进口激波结构是高压比离心压气机气动设计的关键难点。

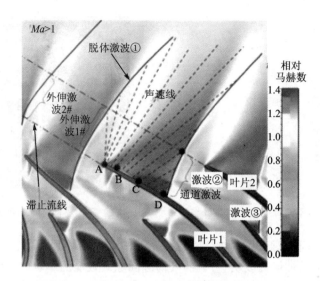

图 1-12　高压比跨声离心叶轮进口激波

　　高压比离心压气机的速度场波动更剧烈,二次流的强度更大,流场均匀性更差。图 1-13 给出了沿流向方向不同位置处 S3 面上的相对速度分布,图中 W 代表相对速度,R 代表截面上的半径,SS 为大叶片吸力面,PS 为大叶片压力面,SP 代表小叶片,V_{st} 代表轴向速度,U_t 为该截面叶轮叶尖的切线速度。从图中可以看出,不同位置、不同半径处流场的差别较大,流场存在较强的三维性。强三维性也是流场内强激波与附面层强相互作用所导致的结果。

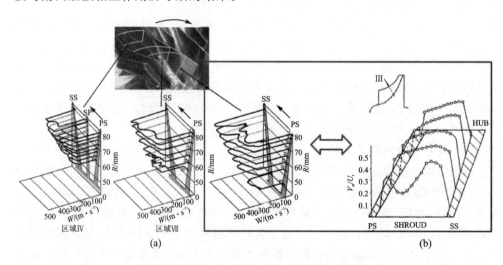

图 1-13　高压比跨声离心叶轮内部三维流场

离心叶轮出口气流具有典型的射流尾迹结构,射流与尾迹之间存在着动量与能量的交换,存在较大的掺混损失,且会导致下排径扩进口的进气条件极为恶劣。图 1-14 为子午速度 W_m 的云图。

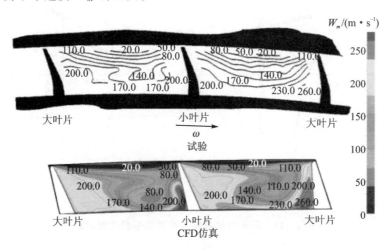

图 1-14 高压比跨声离心叶轮出口流场

为降低跨声叶轮中的损失,部分高压比跨声离心叶轮采用多截面的全三维叶片造型技术,以削弱激波与间隙涡的相互作用,抑制二次流对低能流体的迁移,控制尾迹区内低能流体,从而减小损失。图 1-15 和图 1-16 分别给出了某前掠改型叶轮与原始叶轮的造型及性能结果对比,其中图 1-16(a)的横、纵坐标分别为无量纲质量流量与无量纲压比,图 1-16(b)的横、纵坐标分别为无量纲质量流量与效率。从图中可知前掠离心叶轮的压比与效率均增高。

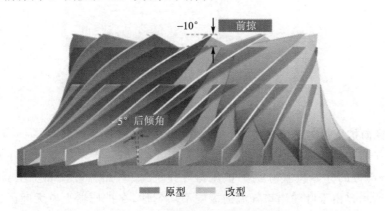

图 1-15 离心叶轮前掠叶片造型

为了设计出高性能的轴流离心组合压气机,对离心级和轴流级的气动负荷必须进行合理的匹配。为提高离心级的加功能力,通常会尽可能减小离心叶轮进口的预旋角度,从而改善径向扩压器乃至整个压气机的性能。此外,为更加充分地利用离心

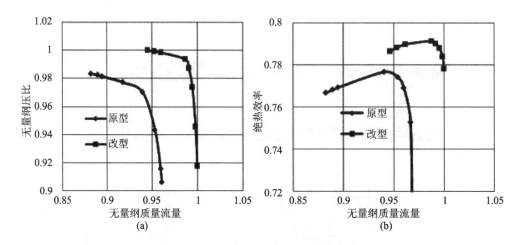

图 1-16　离心叶轮前掠叶片造型前后性能对比

力,增加离心压气机的加功能力,须减小离心压气机进口的半径,同时为保证轴流压气机的切线速度,其末级转子的半径不会减到过小,所以轴流与离心间会采用大半径落差的过渡段,此时要求离心叶轮进口具有一定的抗分离能力。图 1-17 和图 1-18 分别给出了在保证压比、效率的前提下,将某组合压气机的三级轴流改为两级轴流及轴流压气机出口气流角的对比。由图可知改进后离心进口的半径降低,轴流离心间采用了过渡段,轴流出口的气流角度基本转为轴向。

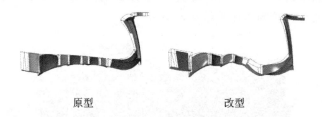

原型　　　　　　　　　改型

图 1-17　某组合压气机改进前后对比

(2) 径向扩压器内部流动特点

　　径向扩压器从上游至下游依次分为上游无叶区、半无叶区、有叶区和下游无叶区四部分,各部分的分界位置分别为扩压器叶片前缘、扩压器喉口和扩压器尾缘,如图 1-19 所示。由于叶轮出口气流的极度不均匀性,在扩压器上游无叶区进口气流会发生剧烈的掺混,使得该区域的损失增大,如图 1-20 所示,其中 m' 代表无量纲的位置,即当前的半径除以叶轮出口的半径,V_m 代表子午速度,U_2 代表叶轮切线速度;此外,随着叶轮压比的不断提高,高切线速度使得扩压器进口的马赫数超过 1,如图 1-21 所示,激波的出现使得进口无叶扩压器区的损失进一步增大。

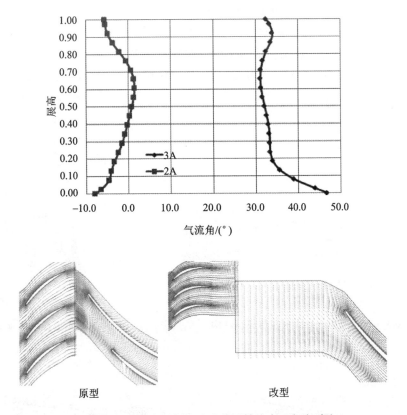

图 1-18 某组合压气机改进前后轴流出口角度对比

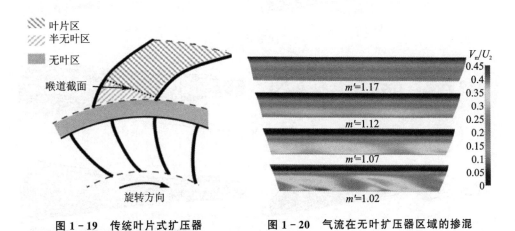

图 1-19 传统叶片式扩压器

图 1-20 气流在无叶扩压器区域的掺混

为适应高压比跨声离心叶轮高的出口马赫数,扩压器的设计大量采用了管式扩压器,该类型扩压器在前缘具有大前掠结构,能够很好地适应超声速来流,可有效改善前排离心叶轮出口气流不均匀对后排扩压器的不利影响,提高扩压器的性能。

图 1-22 和图 1-23 分别给出了某高压比离心压气机管式扩压器的前缘结构及流场示意图,图 1-23 还给出了 PIV 试验与 CFD 计算结果的 10%、50%、90% 展高处无量纲速度($V_{red,norm}$)云图对比。从图中可以明显地看出,三个展高中吸力面一侧(SS)均存在明显的射流结构(jet),压力面一侧(PS)存在大的分离区($separation$)。

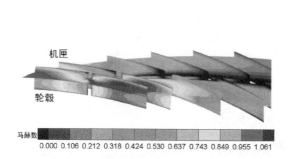

图 1-21 传统叶片式扩压器流场结构

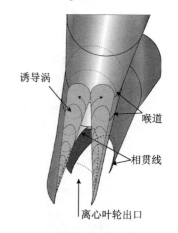

图 1-22 离心压气机管式扩压器

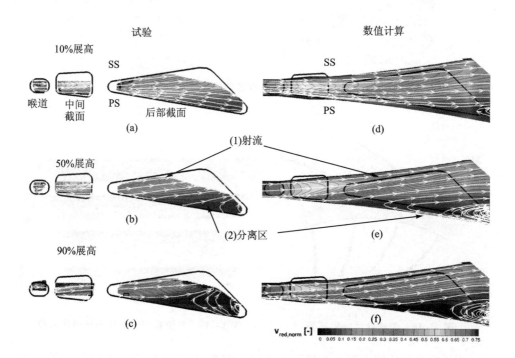

图 1-23 离心压气机管式扩压器流场

1.2.3　构型选择

在压气机的设计中,针对总体给定的设计指标,选择合适的压气机构型至关重要,其重要性主要体现在:正确的构型选择可减少压气机研制成本,缩短研制时间,提高研制效率;而错误的选择构型,即使后期花费大量成本,也极难设计出合适的压气机。

压气机构型选择是根据设计指标分析结果与总体进行迭代,并最终确定结果的一个复杂过程。下面将介绍压气机选型的相关原则。

(1) 依据发动机类型选取

中小型涡轴发动机压气机的发展趋势始终是在保持并尽可能改善效率水平的基础上增加压比,工作的重点是提高级压比,以便在改善整机热力循环的同时缩短轴向尺寸、减轻重量和提高转子结构的可靠性。涡桨发动机压气机的发展趋势是提高效率、扩大喘振边界,保持良好的性能及较长寿命,并使其结构简单、零件数少。这导致在设计涡轴与涡桨发动机压气机的侧重点不一样,涡轴发动机更看重压气机压比,显然多级轴流＋单级离心是最佳选择;涡桨发动机则倾向于宽广的喘振裕度、效率,使用成本和可靠性,在总压比 16 以下优先选用双级离心方案。

(2) 依据发动机功率等级和压气机总压比选取

1994 年,法国透博梅卡公司对涡轴发动机压气机未来气动布局进行了预测和分析(见图 1－24)。透博梅卡公司按功率、压气机总压比,将未来使用的涡轴发动机压气机气动布局形式分为三档,即功率 500 kW 级、压比 10 左右的发动机一般采用单级离心压气机;功率 1 000 kW 级、压比 15 左右的发动机采用双级离心或斜流离心组合压气机;功率 2 000 kW 级、压比 17～20 的发动机采用轴流离心组合压气机或斜流离心组合压气机。

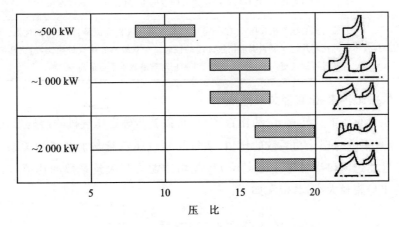

图 1－24　压气机布局形式与压比、功率的关系

（3）依据压气机类型特点选取

不同压气机类型对应不同的特点，如轴流压气机通常流量大、效率高,但单级压比低,在结构上而言,零件数较多、结构较为复杂;离心压气机流量小、单级压比高,稳定工作范围宽,效率偏低,同时具有结构简单紧凑、抗外物损伤能力强等特点;斜流压气机是介于离心压气机与轴流压气机之间的压气机形式,兼有离心压气机高压比、工作范围广和轴流压气机大流量、高效率的优点。不同组合压气机构型对应的特点如表1-1所列。

随着发动机技术的发展,涡轴/涡桨发动机的设计压比逐渐增大,部分发动机采用双转子构型来实现所需的设计压比。与单转子压气机相比,双转子压气机的高、低压压气机工作在各自合适的转速,每根轴以最高效率点工作,减少了在速度和功率上不必要的权衡,不需要进行气动设计折衷,从而可以实现更高的效率和更宽广的喘振裕度。高、低压双转子压气机构型一般具有高压比或大流量的特征,其低压压气机一般采用多级轴流压气机构型,高压压气机则有多种压气机构型,如多级轴流压气机、单级离心压气机、轴流离心组合压气机等。因此,可根据总体要求,结合不同压气机构型对应的特点,进行压气机构型选择。

表1-1　不同压气机构型特点

压气机类型	构型特点
单级离心压气机	压比高、结构简单、制造成本低及工作范围宽,但效率低、迎风面积大
轴流离心组合压气机	结合了轴流级适应大进口流量、效率高以及离心级适应小流量、稳定工作范围宽的特点,能够在较小的迎风面积和较少的级数下满足流量、压比和效率的多重要求,但零件数较多,结构较为复杂
双级离心压气机	只需要两级就能够得到很高的压比,结构简单、制造成本低、工作范围宽,具有很好的抗外物打伤能力,具有很好的抗进气畸变能力,但效率低、迎风面积大
斜流离心组合压气机	兼有离心压气机高压比、工作范围广和轴流压气机大流量、高效率的优点,尤其是在高比转速情况下表现出比较优越的性能。与双级离心压气机相比,斜流离心组合压气机可适应更大进口流量,进口叶尖相对马赫数水平可更高

（4）依据比转速-比直径关系选取

压气机无量纲的比转速 n_s 和比直径 D_s 可以初步确定压气机的结构形式。比转速 n_s 是流量系数与理论功系数的比值,表征了压气机流量与加功量的关系,本质上也反映了叶轮进出口半径比。比直径 D_s 是增压能力与流量系数的比值,反映了增压能力与出口直径大小,其定义如下:

$$n_s = 2\frac{\phi^{0.5}}{\Psi^{0.75}} = \omega \frac{V_1^{0.5}}{\Delta h^{0.75}} = \frac{\pi N}{30} \frac{V_1^{0.5}}{\Delta h^{0.75}} \tag{1-1}$$

$$D_s = \frac{\Psi^{0.25}}{\varphi^{0.5}} = D_2 \frac{\Delta h^{0.25}}{V_1^{0.5}} \qquad (1-2)$$

其中，φ 为流量系数，反映流量大小；Ψ 为理论功系数，表征增压能力，其定义如下：

$$\varphi = \frac{V_1}{U_2 D_2^2} = \frac{G_1}{\rho_{01} U_2 D_2^2} \qquad (1-3)$$

$$\Psi = \frac{\Delta h}{U_2^2} \qquad (1-4)$$

比转速的物理意义在于，比转速提高意味着在同样的增压能力下流通能力大，压气机进口马赫数增加，此时如果采用离心压气机，则由于高马赫数气流需要在离心通道内做大折转角的转弯，由此带来的流动损失会急剧增加，因此需要采用流道变化较缓的斜流或者轴流压气机；反之，比转速降低则意味着在同样的流量条件下增压比提高，此时如果采用单级轴流压气机，则可能会导致叶片负荷很重，流动损失相应增加，这时就需要采用多级轴流压气机或者采用单级斜流、离心压气机，这也是用比转速进行压气机构型选择的分析依据。

图 1-25 直观地反映了这种趋势，当进口流量相同，转速一定，从右到左比转速逐步减小，如果仍旧采用单级压气机，则单级压气机的增压能力逐步增强，此时适宜的压气机结构形式依次从轴流压气机逐步过渡到斜流压气机，再从斜流压气机过渡到离心压气机。表 1-2 给出了不同类型压气机适用的比转速和比直径范围。

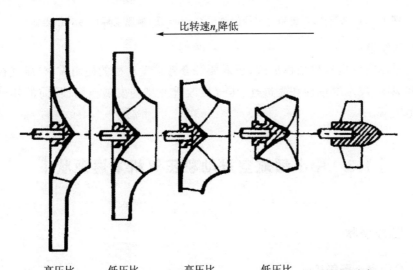

比转速 n_s 降低

高压比　　　低压比　　　高压比　　　低压比　　　轴流压气机
离心压气机　离心压气机　斜流压气机　斜流压气机

图 1-25　随着比转速降低适宜的不同压气机结构形式示意图

表1－2　不同类型压气机的适应范围

压气机类型	比转速范围	比直径范围
离心压气机	<1.5	>2.5
斜流压气机	0.7～2.0	1.5～4.0
轴流压气机	>1.5	<2.0

2010年,Casey基于最新的不同类型的风扇、压缩机、泵设计数据的统计结果,并综合不同学者的研究成果,获得经典Cordier图改进后的结果,满足Cordier曲线分布的压气机,可以在当前比转速和比直径下获得较高的设计效率,如图1－26所示。

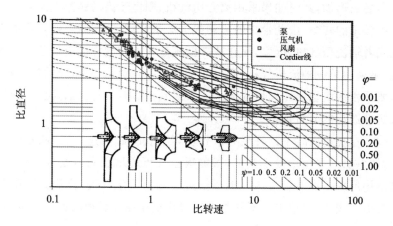

图1－26　基于比转速和比直径的改进Cordier图(横纵坐标均为对数坐标)

(5) 其他因素

最终采用哪种压气机结构形式,还需要综合考虑发动机的使用需求、压气机的研制成本和风险、技术继承性和先进性、压气机改进改型的发展空间、目前的软硬件条件等其他因素。

1.3　中小型航空发动机压气机发展现状

1.3.1　国外现状

(1) 单级离心压气机

单级离心压气机具有压比高、结构简单、制造成本低及工作范围宽等优点,在轻型航空涡轴、涡桨发动机以及辅助动力装置等方面得到了广泛应用。世界上第一台直升机用涡轴发动机——法国透博梅卡公司Artouste－1压气机就采用了单级离心式压气机,绝大部分的辅助动力装置普遍采用单级离心式压气机。随着离心压气机设计技术的不断进步,离心压气机的单级增压比也越来越高,如表1-3所列。目前高压比离心压气机单级增压比普遍达到8以上,个别甚至超过11。图1-27所示为采用跨声速高压比离心压气机作为核心机的HF120小型涡扇发动机。

表1-3 国外部分高压比离心压气机

型号/项目	流量/(kg·s^{-1})	压比	压气机级数及结构形式	公 司	国 别	备 注
Model C30	2.54	8.5	1C	罗·罗	英国	涡轴
MG5	3.3	11	1C	三菱重工	日本	涡轴
PW206A	1.58～2.04	8.1	1C	普·惠	加拿大	涡轴
MS-500V	—	11.1	1C	马达西奇	乌克兰	涡桨
Arrinus 2F	—	8.3	1C	透博梅卡	法国	涡轴
Model 131-9A	—	8.0	1C	霍尼韦尔	美国	APU
HF120(高压)	1.42	7.5	1C	GE-Honda	美国/日本	涡扇

国外在单级压比10量级的压气机设计上已取得突破,采用单级高压比离心压气机的500～800 kW以下的发动机仍然极具潜力。

以罗·罗公司开发的Allison Model 250系列发动机发展历程为例,压气机由最初的六级轴流加一级离心的组合压气机,逐渐发展为两级轴流加一级离心的组合压气机,并最终发展为单级高压比离心压气机。其中,离心压气机的压比由最初的2.2发展至3.5,并最终发展为10.0。当离心压气机压比达到7.0以上时,压气机已发展为单级

图1-27 GE-Honda HF120发动机

高压比离心压气机的形式,Model 250-C30涡轴发动机功率级别为650 hp[1],最终采用的是压比为8.5的单级离心压气机。

单级高压比离心压气机具有的显著特点是:① 高切线速度,日本三菱重工MG5发动机离心叶轮物理切线速度U_2约为680 m/s,乌克兰MS-500V涡桨发动机离心叶轮物理切线速度U_2约为680 m/s,GE-Honda HF120涡扇发动机高压压气机离心叶轮换算切线速度为596 m/s(物理切线速度更高);② 普遍采用大小分流叶片和多重分流叶片设计以提高负荷;③ 压气机子午流道均为强收缩设计;④ 采用先进的扩压器设计技术,MS-500V采用低稠度叶片式扩压器,HF120采用了高性能管式扩压器。

---

① 英制马力,1 hp≈0.746 kW。

（2）轴流离心组合压气机

轴流离心组合压气机结合了轴流级适应大进口流量、效率高以及离心级适应小流量、稳定工作范围宽的特点，能够在较小的迎风面积和较少的级数下满足流量、压比和效率的多重要求。如表 1-4 所列，英国罗·罗公司与法国透博梅卡联合研制的 RTM322 系列涡轴发动机（见图 1-28）、美国 GE 公司的 T700 系列和 T408 涡轴发动机（见图 1-29）、我国著名的"玉龙"涡轴发动机均为轴流离心组合压气机构型。图 1-30 所示为 GE 公司的 T901 与普·惠/霍尼韦尔联合公司的 T900 涡轴发动机，这两款发动机是目前世界上最先进的涡轴发动机，采用了大量的先进技术，是美国陆军研发的新一代涡轴 ITEP 发动机项目。该项目要求在 T700 涡轴发动机的基础上，功率提高 50%，燃油效率提高 20%，寿命提高 20%，两级均已经过测试，且都达到指标要求。据推测 T901 和 T900 涡轴发动机组合压气机的压比均已达到 25 量级，效率均超过 0.82。目前美国军方已选择 T901 涡轴发动机为陆军下一代发动机，其主要的原因为：T900 发动机虽然在性能指标上略高于 T901 涡轴发动机，但双轴结构略显复杂，同时 T901 发动机大量使用了结构融合技术，大幅削减了零件数目，提高了发动机维护性与可靠性，最终使得军方选择了单轴的 T901 涡轴发动机。此外，美国 GE 公司为打破普·惠公司的 PT6A 系列发动机在中小型涡桨发动机市场的垄断地位，研发了先进涡桨发动机 Catalyst，如图 1-31 所示，该发动机采用 4A1C 的轴流离心组合压气机，总压比为 16 量级，转子和静子叶片均采用了先进的全三维设计技术，发动机大量采用 3D 打印技术，显著减少零件数，降低了发动机的重量。

表 1-4 国外部分轴流离心组合压气机

型号/项目	流量/(kg·s⁻¹)	压 比	级数结构形式	国 别	备 注
PT6B-36	2.99	7.1	3A1C	加拿大	涡轴
PT6T-6	3.08	7.3	3A1C	加拿大	涡轴
阿赫耶 2S1	2.5	9	1A1C	法国	涡轴
马基拉 1A2	5.44	10.4	3A1C	法国	涡轴
TM333-2B2	3	11	2A1C	法国	涡轴
RTM322-01/9A	5.75	15.2	3A1C	国际	涡轴
CT7-7A	4.53	16～17	5A1C	美国	涡轴
LTP101-600	2.31	8.5	1A1C	美国	涡桨
LTS101-750C-1	2.31	8.5	1A1C	美国	涡轴
T408	12.9	23	5A1C	美国	涡轴
T700-GE-701C	4.8	17.6	5A1C	美国	涡轴
TVD1500B	4	14.4	3A1C	俄罗斯	涡桨/涡轴
TV7-117SM	7.95	16	5A1C	俄罗斯	涡桨

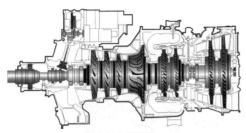

轴流离心组合压气机

图 1-28 罗·罗和透博梅卡公司
的 RTM322 涡轴发动机示意图

图 1-29 GE 公司的 T408
涡轴发动机

图 1-30 GE 公司的 T901(左)与普·惠/霍尼韦尔联合公司的 T900(右)发动机

图 1-31 GE 公司的 Catalyst 涡桨发动机

(3) 双级离心压气机

从 20 世纪 80 年代末开始,由于离心压气机在性能水平上有了很大的进步,尤其是高压比、超跨声速离心压气机设计水平的突破,使大流量双级离心压气机研制成为可能。如图 1-32 所示,双级离心压气机具有结构简单、制造成本低及工作范围宽等优点,在先进的航空涡轴/涡桨发动机以及地面燃气轮机中得到了广泛应用。如表 1-5 所列,美国的 T800-LHT-800、法德英联合研制的 MTR390(见图 1-33)和被认为是透博梅卡公司最先进的涡轴发动机 Ardiden、Arrano(见图 1-34)中都采用的是双级离心压气机。

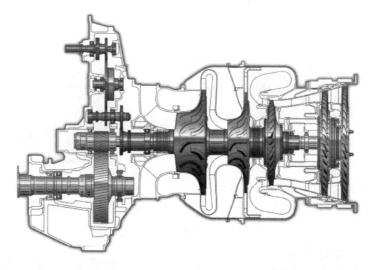

图 1 - 32　典型的采用双级离心压气机发动机结构示意图

表 1 - 5　国外部分双级离心压气机

型号/项目	流量/$(kg \cdot s^{-1})$	压　比	压气机级数及结构形式	国　别	备　注
Dart	12	6.35	2C	英国	涡桨
TPE331 - 3	3.54	10.37	2C	美国	涡桨
PW124	7.7	14.4	1C+1C	加拿大	涡桨
PW127T	—	15.3	1C+1C	加拿大	涡桨
TPF351	6.35	13.3	2C	美国	涡桨
MTR390	3.2	13	2C	国际	涡轴
T800 - LHT - 800	3.3	14.1	2C	美国	涡轴
ARDIDEN1A/1H	—	—	2C	法国	涡轴
ARDIDEN2K	—	—	2C	法国	涡轴
WZ16/ARDIDEN3C	4.73	13.5	2C	中法	涡轴

　　其中,在美国 20 世纪 80 年代末期定型的 T800 - LHT - 800 发动机研制过程中,在保持设计指标基本相同的情况下,有两家发动机公司对其压缩系统做了两种不同的设计,即采用 2 级轴流加 1 级离心的组合压气机方案(T800 - APW - 800)和采用双级离心的压气机方案(T800 - LHT - 800),并都进行了整机试验考核,结果采用双级离心压气机的设计方案胜出,这从侧面说明双级离心压气机的优越。

图 1 - 33　MTR390 涡轴发动机

图 1 - 34　Arrano 涡轴发动机

（4）斜流离心组合压气机

由于双级离心压气机独特的优点，其研究越来越受到世界各国的重视，但其受限于流道形式，进口叶尖相对马赫数不能超过 1.4，故如果想进一步增加压气机进口流量，提高发动机功率，就需要采用斜流离心组合压气机形式，即把第一级由原来的离心压气机设计成斜流压气机。如图 1 - 35 所示，斜流压气机是介于离心压气机与轴流压气机之间的压气机形式，兼有离心压气机高压比、工作范围广和轴流压气机大流量、高效率的优点，尤其是在高比转速情况下能表现出比较优越的性能。

2003 年在北京召开的中国-欧盟民用航空合作项目会议上，德国 MTU 公司介绍了应用于涡轴发动机压气机的几种气动布局形式，斜流离心压气机就是其中一种重要的布局形式，其设计流量达到 8 kg/s，总压比为 8.0，其中进口斜流级的压比为 3.0，出口离心级的压比为 2.67，如图 1 - 36 所示。法国透博梅卡公司在 Ardiden 系列发动机发展计划中，通过将原型双级离心压气机的进口级离心压气机改为斜流压气机，使发动机的功率增大了 30%，该公司另一项正在进行的研究工作是应用斜流压气机技术将三级轴流压气机减少为两级。普·惠公司将斜流离心组合压气机应用到 PW600 系列涡扇发动机中，大大提升了其发动机的性能和可靠性，例如 PW617F 发动机，如图 1 - 37 所示，该发动机为超轻型通用飞机提供动力。

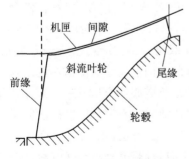

图 1 - 35　斜流压气机叶轮示意图

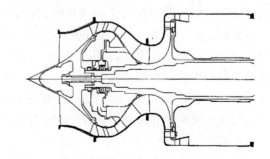

图 1 - 36　德国 MTU 公司的斜流离心组合压气机

图 1-37　PW600 系列发动机(带斜流离心组合压气机结构)

1.3.2　国内现状

我国对中小型发动机离心及组合压气机的系统研究始于 20 世纪 80 年代,经过多年努力,初步形成了自己的设计体系,已设计出具有较高水平并用于多个型号发动机的组合压气机。国内中小型发动机离心及组合压气机压比设计水平:单级离心压气机压比 3~13 量级,轴流离心组合压气机压比 10~25 量级,双级离心及斜流离心压比 13~17 量级。

Yi Weilin 等以单级压比 7.0 为设计目标,采用自行发展的设计程序对叶轮及扩压器进行了设计,经校核过的 CFD 工具对离心压气机内部流场进行了预测和详细分析。杨策等以 Krain SRV2 叶轮为基准,采用自行开发的离心压气机设计系统进行了级压比为 6 的跨声速离心压气机的设计,并做了内部流场分析。中国航发动研所1984 年开始了高负荷跨声速离心压气机的设计实验工作,压气机单级增压比为 5.2,为我国自行设计先进的小型发动机奠定了基础,并逐步形成了一整套高性能离心级及其部件,如离心叶轮、扩压器等的气动、结构设计体系,具备进行单双级离心压气机试验和测试条件。目前某型号应用的单级离心压气机设计压比达到 8 量级,在研单级离心增压比可达 12 以上,并已完成部件试验验证,绝热效率在 0.8 以上。

20 世纪 80 年代,我国引进了法国的阿赫耶 1C1,获得生产许可证并进行国产化,试制了 XX8 系列发动机。90 年代,我国开始 1 000 kW 级的"玉龙"涡轴发动机型号研制;2000 年初,型号验证机性能达到设计指标,进入工程研制阶段。2010 年已经实现了发动机设计定型,其压气机为 3 级轴流+1 级离心结构形式,2013 年"玉龙"涡轴发动机工程荣获国家科学技术进步一等奖。目前中国航发动研所研制的组合压气机设计压比为 13~23,其中压比 17 量级的 3A1C 轴流离心组合压气机已经在某先进涡轴发动机中得到试验验证,压比 21 量级的 5A1C 轴流离心组合压气机已完成部件试验验证,绝热效率在 0.8 以上,压比 23 量级的 5A1C 和 4A1C 两型组合压气机均已完成轴流级试验验证,达到并超过设计指标要求,后续将开展组合压气机试验验证。压比达 23 量级的 3A1C 组合压气机已经完成方案设计,后续将开展试验验证。

从国内的技术状态来看,中等负荷水平的轴流离心组合压气机的设计技术已经到了装机使用的程度,高负荷的轴流离心组合压气机已经完成部件级的试验验证,技术水平达到或接近世界先进水平。

中国航发动研所与法国合作开展了双级离心压气机研制,压气机试验性能良好,该压气机已随中法联合研制的 WZ16 发动机取得了欧洲航空安全局(EASA)和中国民用航空局的适航 TC 证,进一步证明了双级离心压气机的优良性能。通过国际合作项目,我国高负荷双级离心压气机设计技术也取得了较大的进展,中国航发动研所某先进涡桨发动机采用的双级离心压气机在不足两年的时间,实现了设计、加工和试验验证,并且一次性全面达到设计指标要求,随该涡桨发动机完成整机性能达标验证。

我国已经完成了用于涡轴发动机的高压比、高效率斜流离心组合压气机的试验验证工作。中国科学院工程热物理研究所在总压比为 8 的斜流离心组合压气机的研制上开展了一系列的设计和验证工作。中国航发动研所在 APTD 计划支持下自主研制的进口全超声斜流压气机是国内首次自主设计、试验的跨声速斜流压气机,为认识全超声速斜流压气机的设计理论提供了条件;后续在某预研计划支持下研制了总压比 15 量级的斜流离心组合压气机,试验结果全面达到设计指标要求,国内外公开资料中未见该压比量级的斜流离心压气机资料,技术水平达到国际先进水平。目前中国航发动研所在该斜流离心组合压气机的基础上,进一步开展压比为 6 一级的跨声速斜流压气机设计技术研究,相关研究成果提升了国内研发人员对高压比斜流压气机的设计认知。

1.4　中小型航空发动机压气机发展趋势

在未来中小型航空发动机低油耗、低成本、高推重比和高可靠性需求的推动下,中小型航空发动机压气机的发展趋势始终是在保持并尽可能改善效率水平的基础上增加压比,扩大失速边界,并具备良好的性能保持、轻重量、长寿命、结构简单和零件数少等特征。在轴流压气机方面,主要体现在进一步提高平均级压比,以便在改善中小型航空发动机热力循环的同时减少级数、减轻重量并提高转子结构的可靠性。在离心压气机方面,主要体现在进一步提高压比和效率,同时采用新的轮盘结构,减轻重量。

在压气机气动热力方面,大量采用先进的气动设计和分析技术将是未来组合压气机技术发展的一大特点。压气机设计将充分利用先进的全三维设计和分析方法,通过采用先进叶型和全三维叶片设计,控制通道内激波强度,降低叶片损失。应用端区流动控制技术,抑制角区分离,改善端区流动,提高压气机效率。应用新型机匣处理结构等扩稳措施,扩展压气机的失速边界。其他方面还包括发展变流量压气机、离

心压气机变几何扩压器等技术。此外,还应关注压气机的非定常流动特征,一方面,通过合理利用非定常特征来改善压气机的稳态性能,更重要的是关注非定常力与压气机结构的相互作用,避免由此引发的严重振动而导致压气机结构的破坏。

在压气机结构和材料方面,结构的持续简化和轻质、高比强度新材料的应用也将是下一代中小型航空发动机压气机技术发展的显著特征之一。压气机将大量采用叶盘、焊接组件等整体化结构,简化结构,减少零件数,降低振动和强度关键点的数目,3D打印等增材制造技术成为重点发展方向。大量轻质、高比强度材料的采用也使压气机的重量显著降低,如拓展高温钛合金和复合材料的使用范围,采用轻质复合材料结构件或碳纤维强化结构,以及应用可极大降低重量的压气机叶环、空心叶片设计技术。

在试验测试技术方面,大量新型测试手段的应用及交互式网络化将成为主流。随着微电子技术、传感器技术、光电测量技术、计算机技术的迅速发展,航空发动机压气机测试技术也有了很大的提高,主要表现在:激光、光纤、红外、超声、射线、敏感涂料、薄膜传感技术等有了较大的发展,以计算机为中心的集散式实时数据采集、处理与控制系统的日趋完善,动态测试、信号处理与试验测试数据库技术有了较大的发展。建立了综合试验信息系统,将试验数据库、信息库和网格设备融合成"试验-测试-仿真"交互一体化的网络应用。随着数值模拟与试验仿真技术的发展,试验技术将与仿真模拟技术紧密结合,以指导试验的正常进行,减少试验状态和次数,缩短试验周期,保证试验质量,提高试验效率。随着光电测量技术和图像处理技术的发展,为提高试验数据获取精度,避免接触测量对流道干扰影响,未来的非接触测量技术必将成为航空发动机压气机测试技术的主流。

1.5 中小型航空发动机压气机性能水平评价

国际上通常以气动性能指标来衡量压气机技术水平,如压比、效率,辅以气动设计中所选取主要参数的高低,如气动负荷、平均级压比等,以及为达到所选取的气动参数而采用的设计方法和手段,如先进叶型、先进的叶型积叠方法。这种评判方式涉及的因素较多,标准不一,难以客观描述一台压气机的综合技术水平。一般来说,对发动机的技术水平评价,标准比较客观、成熟,功重比、油耗、TBO(大修间隔时间)、使用/维护成本等指标比较明确。一台先进发动机,其核心部件压气机的技术水平必然是先进的,但其气动性能指标未必一定领先。相反,性能指标先进的压气机并不代表其技术水平先进。单纯评价一台压气机性能指标的先进性,国际上常用压气机出口换算流量与多变效率的关系曲线来评判。在相同的设计技术水平条件下,受相对间隙值和雷诺数的影响,压气机所能达到的最高效率水平与压比和流量密切相关。

通常,压比越高,压气机出口换算流量越小,叶片高度越小,叶尖间隙占展高的比值越大,效率越低;同样,流量越小,压气机尺寸越小,雷诺数越小,相对间隙值越大,效率越低,即常说的"尺寸效应"。

综合分析一台压气机的技术水平,必须与具体的装机对象相结合,具体来说,与发动机技术水平直接相关的指标有影响发动机油耗的压气机效率、影响发动机功重比的压气机体积/重量。本节参考国外研究成果,给出了一种压气机性能指标先进性的评价方法。

关于压气机性能水平的评价,国际上通常用压气机多变效率与出口换算流量的关系为基准来衡量。图 1-38 所示为 NASA 研究的压气机多变效率与出口换算流量的关系曲线。由图 1-38(a)可知,轴流压气机与离心压气机的多变效率与出口换算流量关系曲线不同,离心压气机在低出口换算流量条件下更具优势(小于 0.75 lbm/s,即 0.34 kg/s),而轴流压气机则在高出口换算流量下优势明显(大于 1.5 lbm/s,即 0.68 kg/s),而组合压气机的优势则介于两者之间(大于 0.75 lbm/s,小于 1.5 lbm/s)。综合轴流压气机与离心压气机数据,进一步获得了通用的压气机多变效率与出口换算流量的关系曲线,并列出了国际上的当前技术水平和未来的先进技术水平,如图 1-38(b)所示。参考 NASA 研究得到的当前和未来的压气机多变效率与出口换算流量的关系曲线,中国航发动研所研究人员将国内外典型压气机出口换算流量和多变效率技术水平列于图中,并给出了 2020 年世界先进技术水平预测线,如图 1-39 所示,该图谱已被中国航发动研所广泛用于压气机技术水平评估,并牵引先进压气机的研制方向。

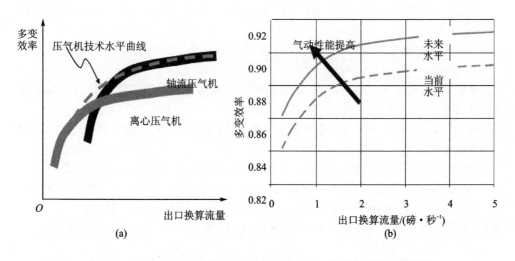

图 1-38 NASA 研究的压气机多变效率与出口换算流量的关系曲线

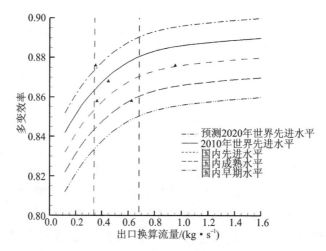

图 1-39　国内外组合压气机多变效率与出口换算流量技术水平对比

参考文献

[1] 方昌德，刘艳芳. 航空发动机的发展研究[M]. 北京：航空工业出版社，2009.

[2] 尹泽勇. 大力加强我国中小型航空发动机技术的发展[C]//中国工程院航空工程科技论坛学术报告会. 中国工程院，2002.

[3] 尹泽勇. 中小型航空发动机的应用及发展[C]//中国航空学会航空百年学术论坛动力学分论坛. 中国航空学会，2003.

[4] 楚武利，刘前智，胡春波. 航空叶片机原理[M]. 西安：西北工业大学出版社，2009.

[5] 钱笃元，周拜豪. 航空发动机设计手册：第八册[M]. 北京：航空工业出版社，2000.

[6] 银越千，金海良，陈璇. 涡轴/涡桨发动机压气机流动特点与发展趋势[J]. 航空学报，2017(9)：30-45.

[7] 周盛. 叶轮机械新一代流型探索[R]. 国家自然科学基金重大项目建议书，1992.

[8] Jeff L H，Robert A D. Advanced Small Turboshaft Compressor (ASTC) Performance and Range Investigation[R]. Lewis Research Center NASA Contractor Report，Indianapolis，Indiana，Allison Engine Company，1997.

[9] 李湘君，楚武利. 高负荷跨声速轴流压气机的叶型优化设计[J]. 计算机仿真，2012，29(7)：75-79.

[10] Domenico B，Franco R. Prediction of Tip Leakage Flow in Axial Flow Compressor with Second Moment Closure[R]. GT 2006—90535，New York：

ASME，2006.

[11] Zhang H H，Deng X Y. A Study on the Mechanism of Tip Leakage Flow Unsteadiness in an Isolated Compressor Rotor［R］. GT 2006—91123，New York：ASME，2006.

[12] Cumpsty N A. CompressorAerodynamics［M］. ［S. 1］：Krieger Publishing Company，2004.

[13] 陈璇，吴仕钰. 级环境下高负荷跨声压气机优化设计［J］. 南华动力学报，2016（1）：32-37.

[14] 徐国华，张锦纶. 某组合压气机改进设计［J］. 南华动力学报，2016(3)：14-18.

[15] Wang Z，Lai S，Xu W. Aerodynamic Calculation of Turbine Stator Cascade with Curvilinear Leaned Blades and Some Experimental Results［C］//Proceedings of the 5th ISABE. Bangalore，1981.

[16] 张华良. 采用叶片弯/掠及附面层抽吸控制扩压叶栅内涡结构的研究［D］. 哈尔滨：哈尔滨工业大学，2006.

[17] Yang C W，Lu X G. Numerical Investigation of a Camtilevered Compressor Stator at Varting Clearance Sizes［R］. GT 2015—42124，New York：ASME，2015.

[18] 王立志，阳诚武. 级负荷系数 0. 42 的小流量轴流压气机设计与试验验证［J］. 航空发动机，2016，42(3)：54-60.

[19] Ulrich Wenger. Developmentof the Rolls-Royce 10 Stage High Pressure Compressor Family［C］. ISABE，2009.

[20] Klinger H，Lazik W，Rolls-Royce T W. The Engine 3E Core Engine：GT 2008—50679［R］. New York：ASME，2008.

[21] Hirotaka H. Detailed Flow Study of Mach number 1. 6 High Tarnsonic Flow in a Pressure Ratio 11 Centrifugal Compressor Impeller［R］. GT 2007—27694，New York：ASME，2007.

[22] 孙志刚，胡良军. Eckardt 叶轮二次流与射流尾迹结构研究［J］. 工程热物理学报，2011，32(12)：2017-2021.

[23] Michele M，Filippo R. Numerical Analysis of the Vaned Diffuser of a Transonic Centrifugal Compressor［R］. GT 2007—272009，New York：ASME，2007.

[24] Seiichi L. Investigation of Unsteady Flow in Vaned Diffuser of a Transonic Centrifugal Compressor［R］. GT 2006—902689，New York：ASME，2006.

[25] Bennett I，Tourlidakis A，Elder R L. The Design and Analysis of Pipe Diffusers for Centrifugal Compressor［J］. Proceedings of the Institution of Mechanical Engineers，Part A：Journal of Power and Energy，2000，214(1)：87-96.

[26] 王毅，赵胜丰. 高负荷离心压气机管式扩压器特点及机理分析［J］. 航空动力学报，2011，26(3)：649-655.

[27] Kunte R，Schwarz P，Wilkosz B，et al. Experimental and Numerical Investigation of Tip Clearance and Bleed Effects in a Centrifugal Compressor Stage

with Pipe Diffuser[C]. ASME 2011 Turbo Expo：Turbine Technical Conference and Exposition，2011.

[28]《航空发动机设计手册》总编委会. 航空发动机设计手册(第 8 册)[M]. 北京：航空工业出版社，2000.

[29] Rodgers C. Specific Speed and Efficiency of Centrifugal Impellers[J]. AIChE Symposium Series，1979：191-200.

[30] Cumpsty N A. CompressorAerodynamics[M]. New York：John Wiley & Sons. Inc. ，1990.

[31] Rodgers C. Development of a High-specific-speed Centrifugal Compressor[J]. Journal of Turbomachinery，Transactions of the ASME，1997，119(3)：501-505.

[32] Krain H. Review of Centrifugal Compressor's Application and Development [J]. Journal of Turbomachinery，2005，127(1)：25-34.

[33] Cordier O. Similarity Considerations in Turbomachines[R]. VDI Report 3，85，1955.

[34] Hirotaka Higashimori，Kiyoshi Hasagawa，KunioSumida，et al. Detailed Flow Study of Mach number 1. 6 High Transonic Flow with a Shock Wave in a Pressure Ratio 11 Centrifugal Compressor Impeller[J]. ASME Journal of Turbomachinery，2004，126：473-481.

[35] Palmer D L，Waterman W F. Designand Development of an Advanced Two-stage Centrifugal Compressor[J]. Journal of Turbomachinery，Transactions of the ASME，1995，117(2)：205-212.

[36] Cousins W T，Dalton K K，Andersen T T，et al. Pressureand Temperature Distortion Testing of a Two-stage Centrifugal Compressor[J]. Journal of Engineering for Gas Turbines and Power，Transactions of the ASME，1994，116 (3)：567-573.

[37] 杨策，马朝臣. 两级离心压气机设计及内部流场分析[C]// 工程热物理学会热机气动力学学术会议，2006.

[38] 方昌德. 航空发动机百年回顾[J]. 燃气涡轮试验与研究，2003，16(4)：1-5.

[39] Yi W，Ji L，Yong T，et al. An Aerodynamic Design and Numerical Investigation of Transonic Centrifugal Compressor Stage[J]. Journal of Thermal Science，2010，20(3)：211-217.

[40] 杨策，闫兆梅，张广，等. 带楔形扩压器的跨声速离心压气机设计及内部流场计算[J]. 机械工程学报，2006，42(2)：71-75.

[41] 金海良，邹学奇，银越千，等. 涡轴发动机：组合压气机发展展望[J]. 国际航空，2015，10：48-52.

[42] Welch G E，Hathaway M D，Skoch G J，et al. Rotary-wing Relevant Compressor Aero Research and Technology Development Activities at Glenn Research Center[R]. NASA TM-2012-217280 and ARL-TR-4757，2012.

第 2 章
组合压气机先进气动设计与分析技术

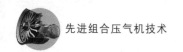

压气机气动设计是研发过程中的重要环节,主要用于确定压气机的热态流道和叶片的几何,是后续开展压气机结构设计与分析的基础,气动设计结果的好坏直接决定了压气机性能的优劣。20世纪50年代以前,压气机气动设计主要采用孤立叶型理论,20世纪50年代左右逐渐过渡到二维叶栅、轴对称流动、S1/S2流面理论,直到20世纪80年代压气机的气动设计方法仍以准三维为主,吴仲华先生的S1/S2两族流面理论对现代压气机气动设计体系的建立有重要影响,20世纪90年代以来,随着计算流体力学和计算机技术的发展,逐渐建立起了以三维CFD技术为核心的现代压气机设计体系,并逐渐摆脱了耗资多、周期长、风险大,主要依靠完备实验数据库的"传统设计方法"。然而,我们应看到,全三维CFD方法仍然主要在压气机的性能分析阶段发挥重要作用,在前期的压气机各级负荷分配、展向参数分布阶段,仍然以一维、二维和准三维方法为主,因此发展压气机气动设计技术中的一维和S2设计等方法仍然有重要意义,甚至很大程度上决定了整个方案的成功与否,全三维叶片造型和CFD分析技术则对压气机性能的提升有重要促进作用。

2.1　轴流压气机一维气动设计技术

轴流压气机的设计主要分为一维设计、S2通流设计、叶片造型和三维CFD分析。一维设计是整个压气机气动设计中的关键环节,其基本决定了压气机性能,因此有学者称压气机的一维设计为确定压气机"基因"的阶段。在压气机的一维设计过程中,需要确定压气机的负荷分布、轴向速度分布、流道形式、每一级转子进口预旋、转子和静子的展弦比与稠度等参数,这些一维参数基本上决定了压气机的效率和稳定性。

2.1.1　轴流压气机一维气动设计技术概述

轴流压气机的一维设计英文名称为"Mean Line Flow Analysis Method",顾名思义就是"平均流线分析方法",平均流线如图 2-1 中的沿着流向的虚线所示,一般平均流线取流道的等面积分割线,也就是平均中径半径。

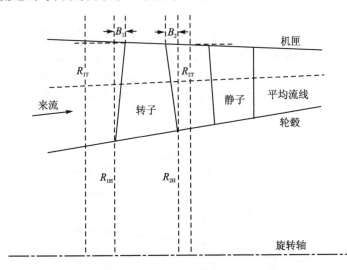

图 2-1　中径平均流线方法示意图

轴流压气机的一维设计一般是以中径截面处的气动参数代替压气机的各叶片排进出口的平均参数,如压力、温度、速度等。在压气机中,同一气动参数在轮毂和机匣截面的差异大,因此采用中径截面处的参数代替压气机各叶片排进出口的平均气动参数比采用轮毂和机匣两个截面位置处的参数更合理。国外有学者为了使压气机的一维设计更合理,以轮毂、中径、机匣三个截面处的气动参数进行计算,但是增加了一维设计的复杂性。本节在论述轴流压气机的一维设计时,是以中径截面处的气动参数代替压气机的各叶片排进出口的平均参数进行计算的。

轴流压气机的一维设计根据需求分为反设计和正设计。反设计是指根据压气机设计指标分配各级的负荷和轴向速度、进口预旋等,得到满足压气机设计指标的各级气动参数、速度三角形和流道。正设计是根据已有的流道和各叶片排的速度三角形和几何参数,计算预测压气机在不同换算转速下的特性曲线。轴流压气机的一维设计一般是先进行反设计,后进行正设计。无论是反设计还是正设计,一维设计的核心是经验模型,包括损失模型、堵塞模型、失速预测模型、攻角模型和落后角模型等。本节的讨论主要是基于反设计展开的。

2.1.2　轴流压气机一维反问题设计原理

1. 轴流压气机速度三角形和气动参数的求解

在进行轴流压气机的一维反设计时,一般须给定轴流压气机的流量、转速、级数、各级负荷系数、各级反力度(或转子进口预旋),各叶片排进/出口中径半径(或叶尖半径)和轴向速度等参数。当给定以上参数时,可以求解出每排叶片中径处的速度三角形。以下取一级轴流压气机作为研究对象,对该级进/出口截面的速度三角形和气动参数进行求解。

转子的进口、出口及静子的出口截面用截面 1 至截面 3 表示,如图 2-2 所示。

将转子进口和出口的速度都除以转子进口的轮缘速度 u_1,转子进口和出口的无量纲速度三角形如图 2-3 所示。在给定转子轴向速度比 c_{2a}/c_{1a}、轮缘速度比 u_2/u_1 和反力度 Ω_k 时,通过欧拉公式和动力反力度公式可以求解转子进口与出口的无量纲速度,推导如下:

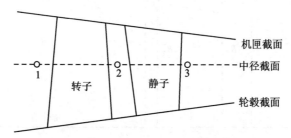

图 2-2 轴流压气机转/静子截面编号示意图

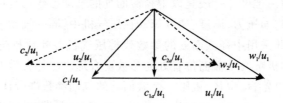

图 2-3 转子进出口无量纲速度三角形示意图

流量系数公式为

$$\varphi = \frac{c_{1a}}{u_1} \tag{2-1}$$

欧拉公式为

$$u_2 c_{2u} - u_1 c_{1u} = \Psi u_1^2 \tag{2-2}$$

动力反力度公式为

$$\Omega_k = 1 - \frac{c_2^2 - c_1^2}{2\Psi u_1^2} = 1 - \varphi^2 \cdot \frac{c_{2a}^2/c_{1a}^2 - 1}{2\Psi} - \frac{c_{2u}^2/u_1^2 - c_{1u}^2/u_1^2}{2\Psi} \tag{2-3}$$

给定负荷系数 Ψ,通过式(2-2)和式(2-3)可以求解出 c_{1u}/u_1 和 c_{2u}/u_1,并且这两项都是 φ 和 Ψ 的函数。c_1/u_1、c_2/u_1、w_1/u_1 和 w_2/u_1 可以通过以下式子求解得到:

$$\frac{c_1}{u_1} = \frac{\sqrt{c_{1a}^2 + c_{1u}^2}}{u_1} = \sqrt{\varphi^2 + c_{1u}^2/u_1^2} \tag{2-4}$$

$$\frac{c_2}{u_1} = \frac{\sqrt{c_{2a}^2 + c_{2u}^2}}{u_1} = \sqrt{c_{2u}^2/u_1^2 + \varphi^2 \, \frac{c_{2a}^2}{c_{1a}^2}} \tag{2-5}$$

$$\frac{w_1}{u_1} = \frac{\sqrt{c_{1a}^2 + (u_1 - c_{1u})^2}}{u_1} = \sqrt{\varphi^2 + \left(1 - \frac{c_{1u}}{u_1}\right)^2} \tag{2-6}$$

$$\frac{w_2}{u_1} = \frac{\sqrt{c_{2a}^2 + (u_2 - c_{2u})^2}}{u_1} = \sqrt{\varphi^2 \cdot \frac{c_{2a}^2}{c_{1a}^2} + \left(\frac{u_2}{u_1} - \frac{c_{1u}}{u_1}\right)^2} \tag{2-7}$$

此外，转子进口与出口的气流角可以通过以上无量纲速度求解得到：

$$\cos \alpha_1 = \frac{c_{1a}}{c_1} = \frac{\varphi}{\sqrt{\varphi^2 + c_{1u}^2/u_1^2}} \tag{2-8}$$

$$\cos \beta_1 = \frac{c_{1a}}{w_1} = \frac{\varphi}{\sqrt{\varphi^2 + \left(1 - \frac{c_{1u}}{u_1}\right)^2}} \tag{2-9}$$

$$\cos \alpha_2 = \frac{c_{2a}}{c_2} = \frac{\varphi \cdot c_{2a}/c_{1a}}{\sqrt{c_{2u}^2/u_1^2 + \varphi^2 \, \frac{c_{2a}^2}{c_{1a}^2}}} \tag{2-10}$$

$$\cos \beta_2 = \frac{c_{2a}}{w_2} = \frac{\varphi \cdot c_{2a}/c_{1a}}{\sqrt{\varphi^2 \cdot \frac{c_{2a}^2}{c_{1a}^2} + \left(\frac{u_2}{u_1} - \frac{c_{1u}}{u_1}\right)^2}} \tag{2-11}$$

给定静子的轴向速度比 c_{3a}/c_{2a}，静子出口的绝对气流角 α_3 等于下一级进口的 α_1，则静子出口的各项速度可以求解得到。

可以根据以下方法求解转子与静子进口和出口的气动参数：给定转子进口总温 T_1^* 和总压 p_1^*，可以通过以下式子求解转子出口的总温 T_2^* 和总压 p_2^*：

$$\frac{k}{k-1} R T_1^* \left(\frac{T_2^*}{T_1^*} - 1\right) = \Psi u_1^2 \tag{2-12}$$

$$\frac{p_2^*}{p_1^*} = \left(\frac{T_2^*}{T_1^*}\right)^{\frac{k}{k-1} \cdot \eta_{p,r}} \tag{2-13}$$

式中，k 为理想气体的比热比，R 为理想气体常数，这两个量为常量。$\eta_{p,r}$ 为转子的多变效率，可以关联转子的损失计算得到：

$$\eta_{p,r} \cong 1 - \frac{\omega_r}{2\Psi} \cdot \frac{w_1^2}{u_1^2} = 1 - \frac{\omega_r}{2\Psi} (\varphi^2/\cos^2 \alpha_1 - 2\Psi \tan \alpha_1 + 1) \tag{2-14}$$

式中，ω_r 为转子的损失，由于已知转子出口的各项速度和总温与总压，则转子出口的静温、静压及其他气动参数可以计算得到。并且由于静子对气流不做功，所以静子出口的总温 T_3^* 等于 T_2^*，静子出口的总压 p_3^* 可以根据静子通道内的损失计算得到：

$$p_3^* = p_2^* - (p_2^* - p_2) \omega_s \tag{2-15}$$

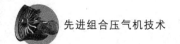

式中，ω_s 为静子的损失。因此，只有知道转子和静子的损失才能完全求解出转子和静子出口的气动参数。

2. 轴流压气机一维损失模型

在轴流压气机发展的几十年中，国内外学者在转子和静子的损失预估上花费了大量的精力，发展了一系列损失模型。随着轴流压气机的叶片造型技术和损失抑制技术不断更新，损失模型也需要及时地更新，否则会造成损失模型的精度低，以至于一维效率预估结果与实际试验偏差较大。如果将各叶片排的进口和出口的计算站比作沿着一条直线排列的岛屿，则损失模型就是连接相邻岛屿的桥。

压气机中的损失主要发生在叶片表面、端壁和间隙，因此压气机中的损失主要可以分为三类：叶型损失、激波损失和二次流损失（包含了间隙产生的损失）。总损失的计算公式如下：

$$\omega = \omega_p + \omega_{sh} + \omega_{sc} \qquad (2-16)$$

式中，ω_p 为叶型损失，采用 Koch - Smith 叶型损失模型；ω_{sh} 为激波损失，前缘斜激波损失模型采用 Koch - Smith 斜激波损失模型，正激波损失模型采用 Boyer 变工况激波损失模型；ω_{sc} 为二次流损失，采用 Hubner-Fottner 二次流损失模型，包含间隙泄漏损失。转子和静子的损失模型都采用以上损失模型。中国航发动研所根据多个型号的轴流压气机的单级压气机设计点的 CFD 数据对这三个损失模型进行修正，修正结果如图 2-4 所示。图 2-4 中横坐标为 CFD 计算结果，纵坐标为损失模型计算结果，黑实线代表损失模型与 CFD 计算结果相等。从图 2-4 可以知道，转子损失模型计算效率与 CFD 计算效率的偏差大多数在 1 个百分点以内，静子损失模型计算的总压恢复系数与 CFD 计算结果偏差在 0.05 以内，级的损失模型计算得到的效率与 CFD 计算结果基本偏差都在 1 个百分点以内。上述单级压气机的负荷（按照叶尖切线速度）为 0.2～0.38；转子叶尖马赫数为 0.7～1.6；展弦比为 0.7～1.8；单级压气机既有进口级，也有末级。因此，修正之后的损失模型具有较广泛的适用性且可以很好地预测轴流压气机的 CFD 计算的效率。

由于缺乏单级轴流压气机试验数据，并且单级轴流压气机的试验效率对总温的测量误差敏感（如压比为 1.8 的单级轴流压气机，温度测量偏差 1 ℃，效率偏差 1.2 个百分点），因此只能用多级轴流压气机的试验总性能数据来验证修正之后的损失模型的可靠性。中国航发动研所的压气机设计人员选取已有试验数据的 5 个多级轴流压气机型号，采用修正之后的一维损失模型对这 5 个型号的效率进行计算，选取试验数据中与损失模型计算压比相近的数据点进行对比，对比结果见表 2-1 和图 2-5。对比结果显示：损失模型计算的绝热效率与试验得到的绝热效率偏差在 0.5 个百分点以内。

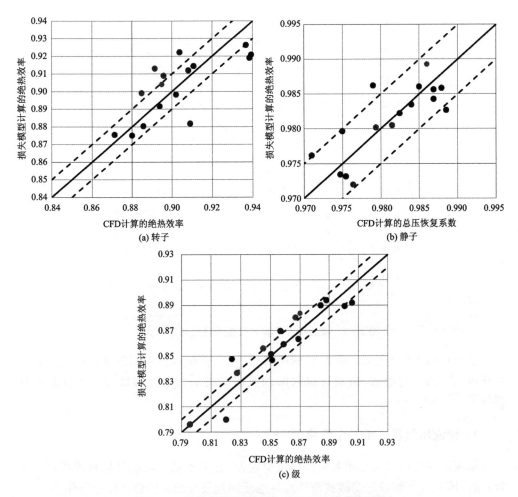

(a) 转子

(b) 静子

(c) 级

图 2 - 4　损失模型计算效率与 CFD 计算效率对比

表 2 - 1　修正之后的损失模型与试验结果对比

型　号	损失模型计算效率	试验效率
A	0.843	0.846
B	0.861	0.864
C	0.796	0.799
D	0.803	0.800
E	0.829	0.824
F	0.825	0.828

从损失模型计算结果与试验数据对比可知,该一维损失模型预测的效率较精确。

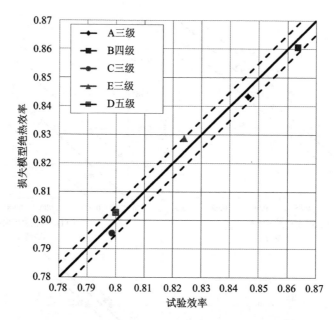

图 2 - 5　损失模型计算与试验的绝热效率对比

经过对损失模型这座"桥梁"的精确搭建,可以精确地得到多级轴流压气机各叶片排进出口的气动参数,进而可以判断轴流压气机的总压比和效率是否满足设计指标。

3. 轴流压气机一维稳定性模型

轴流压气机的另一个重要的指标是稳定性,它关系到轴流压气机是否可以稳定地运行,因此在一维设计阶段就需要对一维反问题设计结果的稳定性进行评估。

一般用于轴流压气机稳定性的评判准则是 Leiblein 基于二维叶栅发展的扩散因子 DF 准则,一般来说,转/静子的 DF 值不要超过 0.55。另一个简单并且常见的用于轴流压气机稳定性的评判准则是 de Haller 数,转子的 de Haller 数一般不低于 0.64,静子的 de Haller 数一般不低于 0.7。DF 和 de Haller 数判断准则相对简单,但是有时候适用范围比较小,这与它们缺乏考虑其他与稳定性相关的因素有关。本节将具体讨论两种比较全面的稳定性模型。

第一种是 Smith(1958)的分析,Cumpsty 在其所著 *Compressor Aerodynamics*(《压气机气体动力学》)中具体介绍了该方法。Smith 采用小扰动方法对通过转子的总压扰动进行了分析,他忽略了气体的压缩性和假设落后角为定常,同时假设转子内没有损失,定义恢复比为

$$R_R = 1 - \delta p_{02}/\delta p_{01} \qquad (2-17)$$

式中,δp_{02} 为转子出口总压的扰动小量;δp_{01} 为转子进口总压的扰动小量。

式(2-17)代表的意义是叶排上游的扰动对下游的影响。如果恢复比 $R_R=1$，说明转子进口的总压损失对下游没有影响，即 $\delta p_{02}=0$；如果恢复比 R_R 远低于 1.0，说明转子进口的总压损失会导致转子出口较大的总压损失，说明压气机的抗畸变能力差，稳定性差；如果恢复比 R_R 大于 1，说明转子进口的高损失区将变成转子出口的额外总焓和总压区，说明压气机的抗畸变能力强，稳定性好。通过公式的推导，恢复比的表达式为

$$R_R=(\cos^2\beta_2\tan\beta_2)/\varphi_2-(\cos^2\alpha_1\cos^2\beta_2\tan\alpha_1\tan\beta_2)/\varphi_1\varphi_2+(\cos^2\alpha_1\tan\alpha_1)/\varphi_1$$
$$(2-18)$$

式中，φ_1 为转子进口流量系数；α_1 为转子进口绝对气流角；β_2 为转子出口相对气流角；φ_2 为转子出口流量系数。Ronald 也采用了 Smith 的分析方法对轴流压气机的稳定性进行评估。Cumpsty 在其所著 *Compressor Aerodynamics*（《压气机气体动力学》）中还讨论了 Ashby 沿相似思路提出的方法，所得的表达式为

$$R_R=1-[\cos(\beta_1+\alpha_1)\cos(\beta_2+\alpha_2)\cdot(\cos\alpha_1\cos\beta_2)/(\cos\alpha_2\cos\beta_1)] \quad (2-19)$$

通过式(2-19)可以知道，当 $\beta_1+\alpha_1=90°$ 或 $\beta_2+\alpha_2=90°$ 时，$R_R=1.0$，则上游的扰动完全消失。当 $\beta_1+\alpha_1\geqslant90°$ 或 $\beta_2+\alpha_2\geqslant90°$ 时，$R_R>1.0$，压气机的抗畸变能力强。图 2-6 通过速度三角形给出了流量系数对相对气流角和绝对气流角之和的影响，很明显，只须采用低流量系数就可以保证 $\beta_1+\alpha_1\geqslant90°$ 或 $\beta_2+\alpha_2\geqslant90°$。

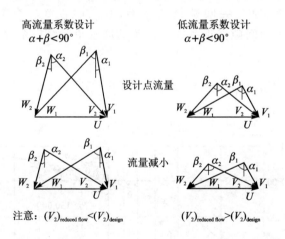

图 2-6　不同流量系数对相对气流角和绝对气流角之和的影响

另一种得到国内外众多学者认可的预测压气机稳定性的模型是 Koch 在 1981 年发表的关于预测压气机最大静压升系数的模型（当压气机的静压升系数达到最大静压升系数时，就认为发生了失速）。该模型将叶栅通道类比于一个二维扩压器，将二维扩压器试验的最大静压升系数曲线推广到压气机中，并经过雷诺数、叶尖间隙、轴向间隙、速度三角形（与反力度相关）的修正。对于一单级压气机，其喘点的静压系数通过以下步骤得到：① 计算转子和静子平均的 L/g_2，并根据图 2-7 中进

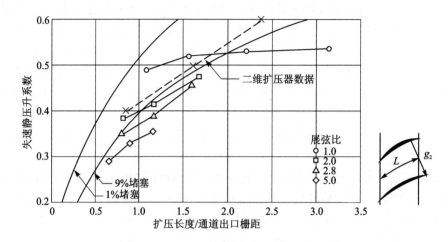

图 2 - 7　基础最大静压升系数与 L/g_2

口堵塞为 9% 的曲线找到 L/g_2 对应的最大静压升系数（命名为 $C_{p\,\text{basis}}$）；② 根据图 2 - 8～图 2 - 12 的雷诺数、叶尖间隙、轴向间隙、速度三角形修正系数对 $C_{p\,\text{basis}}$ 进行修正，得到最终的最大静压升系数 $C_{p\,\text{max}}$，即

$$C_{p\,\text{max}} = C_{p\,\text{basis}} \cdot (C_p/C_{p\,\text{basis}})_\varepsilon \cdot (C_p/C_{p\,\text{basis}})_{Re} \cdot (C_p/C_{p\,\text{basis}})_{\Delta z} \cdot F_{ef} \quad (2-20)$$

式中，$(C_p/C_{p\,\text{basis}})_\varepsilon$ 为叶尖间隙修正系数；$(C_p/C_{p\,\text{basis}})_{Re}$ 为雷诺数修正系数；$(C_p/C_{p\,\text{basis}})_{\Delta z}$ 为轴向间隙修正系数；F_{ef} 为速度三角形修正系数。F_{ef} 由以下关系式得到：

$$F_{ef} = \frac{V_{ef}^2}{V^2} = (V^2 + 2.5V_{\min}^2 + 0.5V_0^2)/(4.0V^2)$$

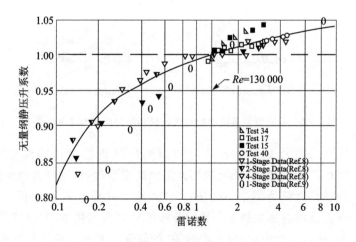

图 2 - 8　雷诺数对最大静压升系数的影响

$$
\begin{cases}
\dfrac{V_{\min}^2}{V^2}=\sin^2(\alpha+\beta), & (\alpha+\beta)\leqslant 90^\circ \text{ 且 } \beta\geqslant 0^\circ \\[2mm]
\dfrac{V_{\min}^2}{V^2}=1.0, & (\alpha+\beta)<90^\circ \\[2mm]
\dfrac{V_{\min}^2}{V^2}=\dfrac{V_0^2}{V^2}, & \beta<0^\circ
\end{cases}
\qquad (2-21)
$$

式(2-21)中各符号代表的含义见图 2-12。

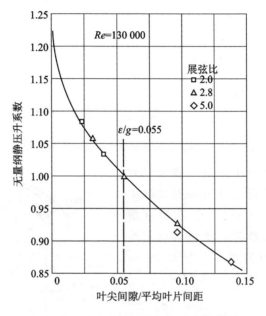

图 2-9　转子叶尖间隙对最大静压升系数的影响

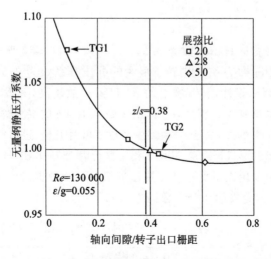

图 2-10　转子与静子轴向间隙对最大静压升系数的影响

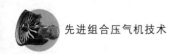

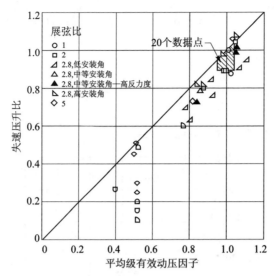

图 2-11　速度三角形对最大静压升系数的影响

另外,我们经常用 de Haller 数来评判压气机的稳定性,其实 de Haller 数与静压升系数具有相同的物理意义。在没有损失、堵塞和不可压的情况下,转子设计点的静压升系数可以推导为

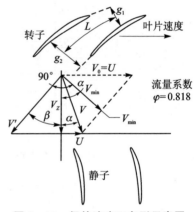

图 2-12　级的速度三角形示意图

$$C_{p\,\text{rotor}} = 1 - (W_2/W_1)^2 = 1 - \text{DH}_{\text{rotor}}^2$$

$$(2-22)$$

静子设计点的静压升系数可以推导为

$$C_{p\,\text{stator}} = 1 - (C_3/C_2)^2 = 1 - \text{DH}_{\text{stator}}^2$$

$$(2-23)$$

一般转子最小的 de Haller 数为 0.64,静子最小的 de Haller 数为 0.7,则转子最大的静压升系数为 0.59,静子最大的静压升系数为 0.51。此外,设计点转/静子的 de Haller 数越高,其设计点的静压升系数也越低,稳定裕度也就越大。因此,de Haller 数与 Koch 的最大静压升模型的物理含义是相同的,只是 Koch 的最大静压升模型中考虑了叶片几何、进口雷诺数、叶尖间隙、轴向间隙和速度三角形的形状等因素,其用于稳定性评判准则比 de Haller 数更准确。

Koch 在论文中采用大量低速和高速压气机的试验数据验证了该模型的可靠性。在 Koch 的论文中,他定义静压升系数的方法如下:

$$C_h = \frac{c_p t_1 \left((p_3/p_1)^{\frac{k-1}{k}} - 1 \right) - 0.5\rho_1 (U_2^2 - U_1^2)}{0.5\rho_1 (W_1^2 + C_2^2)}$$

$$(2-24)$$

式中，ρ_1 为转子进口的密度；c_p 为定压比热容；t_1 为转子进口的静温；p_3 为静子出口的静压；p_1 为转子进口的静压；W_1 为转子进口的相对速度；C_2 为静子进口的绝对速度；U_1 为转子进口的线速度；U_2 为转子出口的线速度。

Cumpsty 和 Wisler 通过多个压气机的试验数据也证实了 Koch 的方法用于预测压气机稳定性是可靠的。1989 年，Cumpsty 在其著作 *Compressor Aerodynamics*（《压气机空气动力学》）中这样评价该模型："Koch 的失速压升系数预测方法对压气机在失速时的最大压升系数给予了较好的预估，在设计压气机时，这是一个非常有用的工具。据观察，许多压气机实际的最大压升系数与该方法预测的失速最大压升系数相比，后者要高一些，但高得并不多。作为设计准则，可以将该方法得到的最大压升系数的 80% 作为压气机可靠的最大失速压升系数。Koch 采用了这一关系式检验了级间不匹配的高速多级压气机，从其他的现象中正确地确定了这些级接近于它们的极限压升系数。总之，Koch 关联式提供了预估最大级压升系数的一种合理方法。它也证明了按照高安装角（低流量系数）设计的压气机具有较高的稳定性；这样的压气机在设计条件下可以在扩散因子为 0.6 或者更高的情况下稳定工作。"

Wisler 和 Casey 在后期对静压升系数的定义如下：

$$C_p = \frac{p_3 - p_1}{0.5\rho_1(W_1^2 + C_2^2)} \tag{2-25}$$

本节在进行该模型进行研究时，发现采用 C_h 作为静压升系数进行定义时，预测的最大静压升系数过高，因此这里将静压升系数定义如下：

$$C_p = \frac{p_3 - p_1 - 0.5\rho_1(U_2^2 - U_1^2)}{0.5\rho_1(W_1^2 + C_2^2)} \tag{2-26}$$

这样定义考虑了需要除去转子由于离心力做功而产生的静压升。为了方便评估压气机的稳定性，Wisler 和 Larosiliere 引入有效比 E 作为裕度评估的标准，有效比 E 的定义如下：

$$E = \frac{C_{p\,real}}{C_{p\,stall}} \tag{2-27}$$

$C_{p\,real}$ 为压气机的设计点的静压升系数，可以根据压气机的一维计算得到；$C_{p\,stall}$ 为压气机的失速点的静压升系数，可以通过 Koch 预测的最大静压升模型计算得到。有效比 E 越接近 1.0，说明轴流压气机的裕度就越小。

为了验证该方法是否可靠，中国航发动研所的压气机设计人员选取图 2-5 中的型号 A、型号 C 和型号 E 的级间测量数据来验证该模型（这几个型号做了级间静压测试，并且在设计转速进行了逼喘）。进行试验数据处理时，试验的有效比 E 定义为设计点的级静压升与上喘点的静压升之比。表 2-2 分别对比了 3 个型号的第一级轴流压气机的一维预测和试验的有效比 E，由于该 3 个型号都是第一级最先失速，其他级还没有失速，所以第二和第三级试验的有效比 E 没有列出。表 2-2 中的一维预测和试验对比表明：型号 A、型号 C、型号 E 的第一级压气机的一维预测和试验的

有效比 E 的差异较小。因此,根据这 3 个型号一维预测模型的计算和试验对比结果,初步确认该方法可以用于多级轴流压气机一维设计的稳定性评估。

表 2-2　型号 A、C、E 的第一级轴流压气机的一维预测和试验有效比 E 对比

对比项目	有效比 E		
	型号 A	型号 C	型号 E
一维预测	0.898	0.93	0.850
试验	0.844	0.953	0.836

2.1.3　Smith 图在轴流压气机中的应用

1. Smith 图概述

在压气机的一维设计过程中,需要确定压气机的压比分布、轴向速度分布、流道形式、每一级转子进口预旋、转子和静子的展弦比与稠度等,这些一维参数在很大程度上决定了压气机的效率和稳定性。由于压气机的一维设计阶段需要确定大量的一维参数,这给一维参数的选取带来了困难。为了解决这一问题,国外学者将多级轴流压气机分为多个单级轴流压气机,并利用 Smith 图对每一级压气机选取的一维参数进行评估,再结合各级的设计结果,使总的设计结果满足设计指标。通过这种方式,可以使每一级压气机的一维设计参数选取合理,效率和裕度较高。

Smith 在进行涡轮效率的研究时,将效率与流量系数和负荷系数相关联,得到了可以指导涡轮选取流量系数和负荷系数的效率分布图(见图 2-13),后来被称为

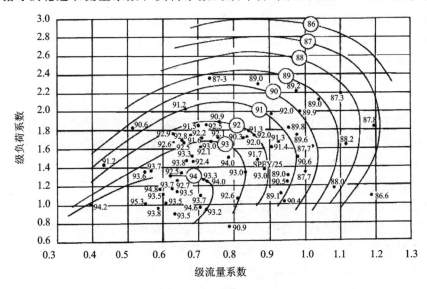

图 2-13　涡轮的 Smith 图

Smith 图。Casey 和 Lewis 早期将 Smith 图引入到压气机的设计中,用于指导压气机的一维参数选取。目前国外众多压气机研究机构都将 Smith 图应用于轴流压气机的设计,如 NASA 的 Larosiliere 将 Smith 图应用于 4 级压比 12 的轴流压气机的设计中;商业软件 GasTurb 13 也将 Smith 图应用于压气机的一维设计分析中。

Casey 和 Lewis 提出的 Smith 图如图 2 - 14 所示,Larosiliere 给出的 Smith 图如图 2 - 15 所示。图 2 - 14 和图 2 - 15 中的横坐标为流量系数,纵坐标为负荷系数,圈型等值线为效率;图 2 - 14 和图 2 - 15 的不同之处是,图 2 - 14 采用转子 de Haller 数作为稳定性的评判标准,图 2 - 15 采用有效比 E 作为稳定性的评判标准。Casey 和 Lewis 提出的 Smith 图基于重复级(轴向速度比为 1.0、中径半径比为 1.0)的假设条件,反力度为 0.7;Larosiliere 给出的 Smith 图基于进气预旋角为 0°、轴向速度比为 1.0、中径半径上抬的假设条件。从 Smith 图中可以知道:① 对亚声速压气机而言,提高流量系数有利于保持效率,提高负荷水平,但是受到局部超声速和静叶堵塞的限制;② 在流量系数一定的条件下,提高负荷水平必然导致效率急剧降低。

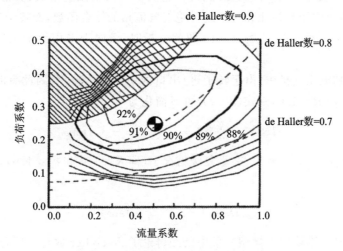

图 2 - 14　Casey 和 Lewis 给出的 Smtih 图

2. Smith 图分析

在 Smith 图中,存在一些限定条件。图 2 - 14 中给定压气机的反力度为 0.7,图 2 - 15 中给定转子进口预旋角为 0°。反力度的定义如下:

$$\Omega_k = 1 - \frac{c_2^2 - c_1^2}{2\psi u_1^2} \tag{2-28}$$

利用欧拉公式,同时采用无量纲参数表示,可以将反力度公式推导成以下形式:

$$\Omega_k = 1 + \frac{\varphi^2}{2\psi}(1 - \hat{c}_a^2) - \frac{\psi}{2\hat{R}^2} - \frac{\varphi \cdot \tan\alpha_1}{\hat{R}^2} - \frac{1 - \hat{R}^2}{2\psi\hat{R}^2} \cdot \varphi^2 \cdot \tan^2\alpha_1 \tag{2-29}$$

式中，$\hat{c}_a$ 为转子轴向速度比 c_{2a}/c_{1a}，$\hat{R}$ 为转子中径半径比 r_2/r_1；φ 为流量系数；ψ 为负荷系数；α_1 为转子进口绝对气流角。从式(2-29)中可以知道，反力度是关于流量系数、负荷系数、转子轴向速度比、转子中径半径比和转子进口绝对气流角的函数，即 $\Omega_k = f_1(\varphi, \psi, \hat{c}_a, \hat{R}, \alpha_1)$。反力度的物理含义为气体在转子中的实际静焓增占轮缘功的比例，同时在某种程度上代表了气体在转子通道内的静压升占级的静压升的比

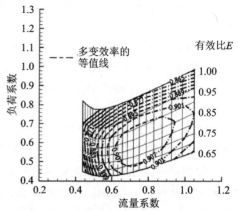

图 2-15　Larosiliere 给出的 Smith 图

例；转子进口预旋角的物理含义为气流在转子进口位置的方向。从物理意义上看，反力度代表的含义与压气机的级性能有关，它是一个关于流量系数、负荷系数、转子轴向速度比、转子中径半径比和转子进口绝对气流角的综合函数，而转子进口预旋角只是一个物理量。所以，在进行 Smith 图的分析时，倾向于采用给定压气机反力度的方法。

在多级轴流压气机中，由于转子进/出口的中径变化较小，因此有时可以忽略转子中径变化，即 $\hat{R}=1.0$，则式(2-29)可以简化为

$$\Omega_k = 1 + \frac{\varphi^2}{2\psi}(1 - \hat{c}_a{}^2) - \frac{\psi}{2} - \varphi \cdot \tan\alpha_1 \qquad (2-30)$$

因此，$\Omega_k = f_2(\varphi, \psi, \hat{c}_a, \alpha_1)$。在重复级情况下(即 $\hat{R}=1.0$ 和 $\hat{c}_a=1.0$)，则式(2-30)可以简化为

$$\Omega_k = 1 - \frac{\psi}{2} - \varphi \cdot \tan\alpha_1 \qquad (2-31)$$

在轴流压气机一维稳定性模型一节中已经讨论了 de Haller 数与静压升系数的关系，同时说明了采用 Koch 的最大静压升模型用于稳定性的预测比采用 de Haller 数的更精确。因此，在进行 Smith 图的分析时，倾向于将有效比 E 作为稳定性判断准则。

本节将利用 Smith 图来分析反力度、转子轴向速度比和转子中径半径比对压气机性能的影响。为了分析这些参数对性能的影响，本节采用给定压气机反力度的方式，结合 1.1.2 节中的轴流压气机速度三角形和气动参数的求解、修正之后的损失模型和 Koch 稳定性模型，并应用有效比 E 作为稳定性判断准则，绘制单级压气机的 Smith 图，如图 2-16 所示。图 2-16 中转子的稠度为 1.8，展弦比为 1.45，叶型的最大相对厚度为 0.041，前缘厚度为 0.5 mm，叶尖间隙为 0.25 mm；静子的稠度为 1.6，展弦比为 1.8，叶型的最大相对厚度为 0.065，前缘厚度为 0.5 mm，静子轮毂处无间隙；反力度 Ω_k 为 0.75，转子轴向速度比 $\hat{c}_a$ 为 0.95，转子中径半径比 $\hat{R}$ 为 1.0。另外，图 2-16 中灰色圈型等值线为级绝热效率，黑色等值线为有效比 E，黑点对应

的流量系数为 0.45,负荷系数为 0.45。从图中可以知道,黑点对应的单级压气机绝热效率高于 0.91,有效比 E 略低于 0.8,说明黑点对应的单级压气机具有较高的效率和较高的裕度。以图 2-16 中的黑点为基准,当负荷系数不变,流量系数增加时,压气机的效率变小,裕度增加;当负荷系数增加,流量系数不变时,压气机效率不一定减小,但是裕度减小。

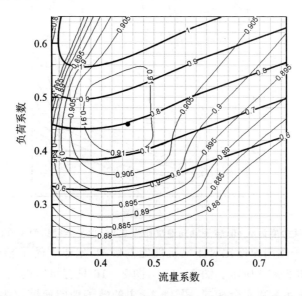

图 2-16　反力度为 0.75,转子轴向速度比为 0.95,中径半径比为 1.0 的 Smith 图

为了分析反力度对压气机性能的影响,生成了反力度为 0.60 的 Smith 图,如图 2-17 所示。图 2-17 与图 2-16 只有给定的反力度不同,其他几何和气动参数完全相同;图 2-16 中的反力度为 0.75,图 2-17 中的反力度为 0.6;两图中的黑点对应的流量系数和负荷系数分别相同。对比两图可以知道,将反力度由 0.75 变为 0.6 时,Smith 图中效率和有效比 E 的分布发生了明显的变化,高效率区域往大流量系数范围移动(反力度为 0.75 时,高效率区域在流量系数为 0.35~0.5 区;反力度为 0.6 时,高效率区域在流量系数为 0.5~0.65 区域);高裕度区域(有效比 E 低于 0.8)减小,往低负荷系数范围移动,即在相同的负荷系数和流量系数下,压气机的裕度减小(如图 2-16 和图 2-17 中黑点对应的有效比 E 的值所示)。由式(2-29)中反力度与其他参数的关系可以知道,当转子的轴向速度比、中径半径比、流量系数、负荷系数恒定时,反力度与转子进口的预旋角成反比关系。图 2-16 中反力度高于图 2-17,并且二者的转子轴向速度比和中径半径比分别相等,因此在相同的流量系数和负荷系数下,图 2-16 中转子进口的预旋角要低于图 2-17。由速度三角形可以知道,转子进口的预旋角越小,其转子进口的相对马赫数越高,其效率越低;并且只有在转子进口轴向速度较小的情况下,才能使转子进口的马赫数维持在较低的水平,因此图 2-16 的高效率区域在小流量系数范围。反之,图 2-17 的高效率区域在大流量系数范围。另外,从反力度对有效比 E 值的影响变化可以知道,对于高负荷的压气机,为了使其具有较高的稳定裕度,应该使其具有高的反力度,这与 NASA 格林中心的 Larosiliere 的高负荷压气机设计思路是一致的。

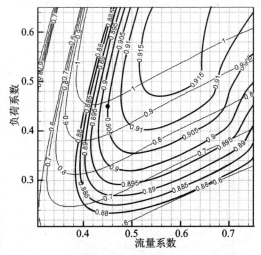

图 2-17 反力度为 0.60,转子轴向速度比为 0.95,中径半径比为 1.0 的 Smith 图

　　为了分析转子轴向速度比对压气机性能的影响,生成了转子轴向速度比为 1.0 的 Smith 图,如图 2-18 所示。图 2-18 与图 2-16 只有给定的转子轴向速度比不同,其他几何和气动参数完全相同;图 2-16 中的转子轴向速度比为 0.95,图 2-18 中的转子轴向速度比为 1.0;两图中的黑点对应的流量系数和负荷系数分别相同。对比两图可以发现,两图中效率分布和有效比 E 的分布变化不大。对比两图中的黑点,当转子轴向速度比增加时,效率稍微降低,裕度稍微增加。

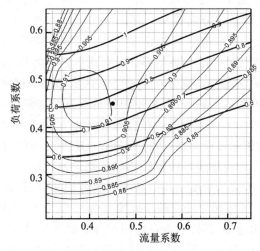

图 2-18 反力度为 0.75,转子轴向速度比为 1.0,中径半径比为 1.0 的 Smith 图

为了分析转子中径半径比对压气机性能的影响,生成了转子中径半径比为 1.05 的 Smith 图,如图 2-19 所示。图 2-19 与图 2-16 只有给定的转子中径半径比不同,其他几何和气动参数完全相同;图 2-16 中的转子中径半径比为 1.0,图 2-19 中的转子中径半径比为 1.05;两图中的黑点对应的流量系数和负荷系数分别相同。对比两图可以发现,两图中效率分布和有效比 E 的分布发生了变化。转子中径半径比由 1.0 增加至 1.05,Smith 图中的最高效率由 0.91 变为 0.915;在相同的负荷系数下,有效比 E 减小,说明裕度增加。气流经过压气机,压气机转子叶片对气流做功(即轮缘功),经过数学公式推导,压气机转子叶片对气体做的功 L_u 的表达式如下:

$$L_u = 0.5(c_2^2 - c_1^2) + 0.5(w_1^2 - w_2^2) + 0.5(u_2^2 - u_1^2) \qquad (2-32)$$

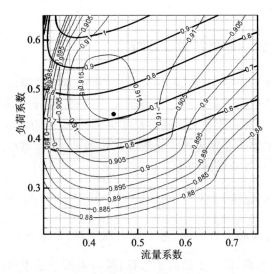

图 2-19　反力度为 0.75,转子轴向速度比为 0.95,中径半径比为 1.05 的 Smith 图

式(2-32)等号右边的前两项为气流通过叶片的动能变化,具体表现为气流在叶片中的折转;等号右边的最后一项为气流通过叶片的切向动能的变化,具体表现为由于半径的变化而导致的离心力对气体做的功。气流在叶片中折转会产生损失,离心力对气流做功没有损失,因此相同的轮缘功的情况下,离心力做功的那部分比例越高,其效率也越高。这也是为什么虽然离心压气机转子通道内的流场紊乱,但是其效率依旧不低的原因。图 2-16 的中径半径比为 1.0,其离心力做功为 0;图 2-19 的中径半径为 1.05,其离心力做功大于 0,因此图 2-19 中最高效率要高于图 2-16 中的最高效率。另外,在相同的轮缘功(负荷系数相同)情况下,离心力做功越多,气流在叶片中折转所做的功就越小,转子叶片的气动负荷也就越小。因此,图 2-19 与图 2-16 相比,在相同的负荷系数下,有效比 E 减小。

　　通过分析反力度、转子轴向速度比和中径半径比对压气机性能的影响,可以得出以下结论:

① 反力度对压气机的效率和裕度都有很大的影响,尤其是对压气机裕度的影响,对于高负荷压气机,适合采用高反力度设计;

② 转子轴向速度比会对压气机的效率和裕度产生影响,但是影响不会很大;

③ 转子中径半径比对压气机的效率和裕度有较大的影响,压气机的效率和裕度正比于转子中径半径比,一般为了使压气机的效率和裕度较大,转子中径半径比应大于1.0。

| 2.2 离心压气机一维气动设计技术 |

2.2.1 离心压气机一维气动设计原理

离心级由离心叶轮、径向扩压器、蜗壳/轴向扩压器组件构成。单级离心压气机的压比在3~10的范围内,相当于2~4级轴流压气机。相比于轴流压气机,在实现相同增压比的前提下,离心压气机的轴向长度更小,结构更为紧凑。

与轴流压气机主要依靠气流折转或激波减速做功不同,离心压气机主要通过离心力做功,离心叶轮对气流做的功为

$$L_u = \frac{1}{2}(C_2^2 - C_1^2) + \frac{1}{2}(U_2^2 - U_1^2) + \frac{1}{2}(W_1^2 - W_2^2) \qquad (2-33)$$

式中,$\frac{1}{2}(U_2^2 - U_1^2)$为离心力做功项,对于离心压气机,由于进出口切线速度差别很大,故离心力做功占比高;而对于轴流压气机,离心力做功基本可以忽略。这意味着

离心级流动扩散项$\frac{1}{2}(W_1^2 - W_2^2)$所占比例比轴流压气机小,而此项是叶轮机械损失的主要来源,因此离心压气机和轴流压气机在损失来源上存在差别,导致了离心压气机的一维气动设计在机理上和轴流压气机有所差别,需要形成离心压气机自身的一维设计方法。

离心级的进出口截面划分如图 2-20 所示,主要计算叶轮进口(1-1)、叶轮出口(2-2)、径向扩压器进口(3-3)、径向扩压器

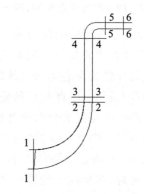

图 2-20 离心级一维设计截面划分

出口(4-4)、轴向扩压器进口(5-5)和轴向扩压器出口(6-6)共 6 个计算站。中国航发动研所的离心压气机一维气动设计是输入图 2-21 所示的流道尺寸、转速、流量、后弯角等参数,通过损失模型或经验公式计算叶轮效率、扩压器恢复系数等,最后

获得离心级压比、效率以及各个截面的气动参数。与轴流压气机采用卡特公式计算落后角不同,离心压气机采用滑移因子计算叶轮出口叶片角与气流角的偏差。因此滑移因子在离心压气机一维气动设计中占据了重要的地位,其直接影响叶轮加功量的计算。

中国航发动研所离心压气机一维气动设计计算流程如图 2-21 所示。

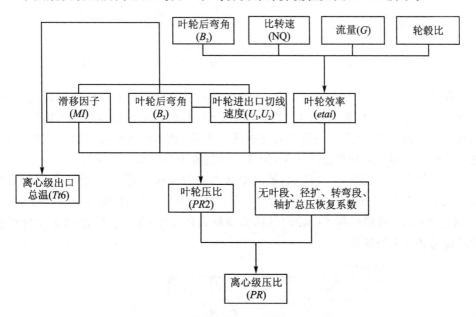

图 2-21　离心压气机一维设计计算流程

2.2.2　滑移因子模型

假设离心叶轮是理想叶轮,即叶轮的叶片数无限多,厚度无限薄,由于叶片间的间距极小,气体受到叶片严格的约束而没有任何自由活动的余地,故只能沿着叶片间隙从旋转的叶轮流道中流出。气体相对运动流线与叶片形状完全一致,相对速度的方向与叶片表面相切,叶片出口安装角与气流角一致,且流线在流道内是均匀分布的。

实际情况下,气体在叶轮内部流动时,由于惯性而产生一个与叶轮旋转方向相反、角速度相等的旋转运动,其漩涡矢量与轴线平行,故又称为轴向漩涡运动,图 2-22 中 a 区表示通道内的轴向涡,b 区表示没有轴向涡影响的气流,c 区表示叠加轴向涡后的速度场。

气体流经实际叶轮时,由于存在轴向涡运动,使得气流流动方向角与叶片角不相等。具体如图 2-22 和图 2-23 所示。

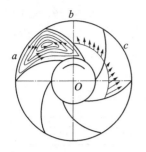

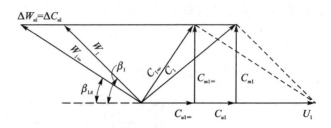

图 2-22　流道内速度分布　　　　　　图 2-23　进口速度三角形

在离心叶轮进口，如图 2-23 所示，轴向涡运动方向与叶轮旋转方向相同，附加速度 ΔW_{u1} 与 U_1 方向相同，使 $C_{u1}>C_{u1\infty}$，由于叶片的作用是把力矩传递给气体，增加其旋转方向的速度矩，当气体具有这种速度矩后，就不再从叶轮中吸收力矩，因此进口的速度滑移不影响理论能量头，但在实际过程中会增加气流损失。

在叶轮出口，如图 2-24 所示，轴向漩涡方向与叶轮旋转方向相反，叠加的结果是产生了一个与 U_2 相反的 ΔW_{u2}，出口速度产生滑移，导致出口旋转不足，使得 $\beta_2<\beta_{2A}$，$C_{u2}<C_{u2\infty}$，滑移引起了叶轮内气体流动状态的变化，使得实际做功能力与理想做功能力相比有所降低。

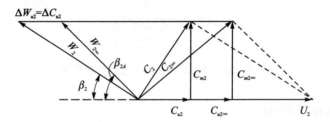

图 2-24　出口速度三角形

目前的滑移因子定义方式有两种，一种是用滑移速度与 U_2 之比的关系表示，即

$$\sigma = 1 - \frac{C_{slip}}{U_2} \tag{2-34}$$

另一种是用有限叶片的能量头与无限叶片的能量头之比，即

$$\mu = \frac{H_T}{H_{T\infty}} \approx \frac{C_{u1}}{C_{u1\infty}} \tag{2-35}$$

两者之间的关系为

$$\mu = 1 - (1-\sigma)\frac{U_2}{C_{u2\infty}} \tag{2-36}$$

两个公式本质上都与滑移速度 C_{slip} 相关，关于滑移速度的计算，现在主要存在以下两种理论：

① Stoda 认为离心叶轮滑移速度与叶轮出口的涡相关，涡的直径等于叶轮出口

的喉道直径,滑移速度的表达式为

$$C_{\text{slip}} = 1 - \frac{WS_2\cos\beta_{2b}}{2} \tag{2-37}$$

式中,W 为角速度;S_2 为出口叶片珊距,$S_2 = 2\pi R_2/Z$;β_{2b} 为出口叶片角,Z 为叶片数。

② ECK 认为滑移速度是压力面和吸力面的速度差导致的,这种假设不仅包括了涡的影响,还包含了叶片转角的影响,其滑移速度公式为

$$C_{\text{slip}} = \frac{W_s - W_p}{4} \tag{2-38}$$

式中,W_s 为吸力面出口相对速度,W_p 为压力面出口相对速度。

下面列出目前较为常见的几个滑移因子公式:

① 斯托道拉(Stodola)公式。

$$\sigma = 1 - \frac{\pi}{Z} \cdot \cos\beta_{2b} \cdot \frac{1}{1 + \varphi_2 \cdot \tan\beta_{2b}} \tag{2-39}$$

斯托道拉认为,对于实际叶轮,由于轴向漩涡的存在,叶片通道中叶片压力面的速度小于吸力面的速度,轴向漩涡的转速等于叶轮转速。叶轮出口处的轴向涡流相当于漩涡直径为叶片通道出口有效宽度的气体以叶轮旋转角速度对叶片通道做相对运动,也就是沿着叶轮旋转方向的反方向有一个偏转,即流动滑移量。

② 普弗莱德瑞尔(Pfleiderer)公式。

$$\sigma = \frac{1}{1 + \dfrac{1.2 \cdot (1 + \cos\beta_{2b})}{Z \cdot \left[1 - \left(\dfrac{R_1}{R_2}\right)^2\right]}} \tag{2-40}$$

普弗莱德瑞尔公式采用一个小于 1 的系数来修正叶片数对加功量的影响,该公式从分析有限叶片和无限叶片叶轮中流体相对速度的差值 ΔW_{u2} 入手,进而求出实际与理论扬程的差值。

③ 威斯奈(Weisner)公式。

$$\sigma = 1 - \frac{\sqrt{\cos\beta_{2b}}}{Z^{0.7}} \cdot \frac{1}{1 + \varphi_2 \cdot \tan\beta_{2b}} \tag{2-41}$$

威斯奈公式是根据 65 个叶轮的试验结果进行统计分析得到的经验表达式。

④ 斯坦尔兹(Stanltz)公式。

$$\sigma = 1 - \frac{0.63 \cdot \pi}{Z} \cdot \frac{1}{1 + \varphi_2 \cdot \tan\beta_{2b}} \tag{2-42}$$

中国航发动研所根据以上介绍的各滑移因子公式,以其内部离心压气机的试验结果为基础,详细对比了不同滑移因子计算结果与试验结果,并对滑移因子计算方法进行了改进。图 2-25 所示是中国航发动研所 3 个离心压气机的叶轮滑移因子试验反算值与几个模型计算值的比较,从图 2-25 可以看出,各模型的预测值与试验值相

比均存在偏差,因此滑移因子的计算目前仍然是一个难点。

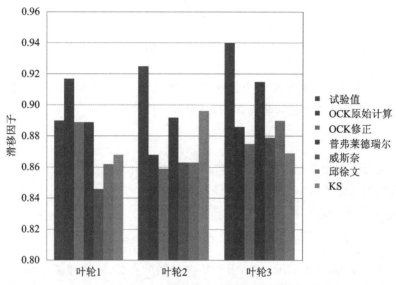

图 2 - 25　滑移因子计算值与试验值对比(彩图见彩插)

2.3　组合压气机 S2 设计技术

通过一维程序确定各级的平均参数(负荷系数、流量系数、反力度)以后,还需要通过 S2 设计程序更详细地考察这些设计参数沿展向的分布。虽然 S2 程序依然在很大程度上依赖经验参数,但是它使得设计人员对端区的气动参数有了更加充分的了解,并通过相关准则来判断该设计是否可行。因此,S2 设计这一步非常重要,若展向参数设计不合理,可能导致压气机设计失败。

2.3.1　组合压气机 S2 设计方法概述

综合考虑目前计算机的计算性能及组合压气机的计算量,在压气机设计体系中完成一维设计后直接立足于三维 CFD 计算进行设计在未来的几十年内是不现实的。三维 CFD 的求解可以普遍应用于组合压气机设计阶段后期的流场计算与分析以及细节的优化,而设计阶段前期的核心仍是基于两类相对流面理论而建立的准三维设计方法。S2 流面计算方法根据假设和求解域的不同分为两种:第一种为轴对称计算方法,只在叶片排前后缘设置计算站进行求解;第二种为流线曲率通流法,在叶片内部也设置计算站进行求解。图 2 - 26 分别给出了轴对称方法及流线曲率通流方法示意图。考虑到离心力做功等因素,一般在组合压气机中多采用通流方法,下文主要介绍通流的反问题方法。

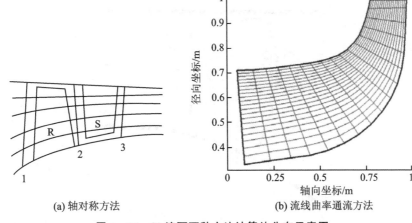

(a) 轴对称方法　　　　　　　　　　(b) 流线曲率通流方法

图 2 - 26　S2 流面两种方法计算站分布示意图

2.3.2　组合压气机 S2 设计方法设计原理

真实的组合压气机内部流动非常复杂,包含了环壁附面层、间隙泄漏、激波、激波附面层干扰、附面层交汇、横向二次流、径向二次流等流动,因此在求解通流问题时很有必要抓住流动的主要特征,忽略其次要因素,因此可对流动做出以下的假设和简化:

① 工质为完全气体,可以忽略重力;

② 考虑黏性效应造成的总压损失、熵等参数的变化,但忽略气体黏性;

③ 气体流动为绝热的、定常的流动。

将运动方程中的压力和密度换成总焓与熵,便可推导出运动方程的克罗克形式,将方程展开,可得到其径向、周向和轴向的三个分式,即

$$-\bar{W} \times (\nabla \times \bar{V}) = -\nabla I + T\,\nabla S$$

$$-\frac{W_\theta}{r}\left(\frac{\partial V_\theta r}{\partial r} - \frac{\partial W_r}{\partial \theta}\right) + W_z\left(\frac{\partial W_r}{\partial z} - \frac{\partial W_r}{\partial r}\right) = -\frac{\partial I}{\partial r} + T\,\frac{\partial S}{\partial r}$$

$$-W_z\left(\frac{\partial W_z}{\partial \theta} - \frac{\partial W_\theta}{\partial z}\right) + \frac{W_r}{r}\left(\frac{\partial V_\theta r}{\partial r} - \frac{\partial W_r}{\partial \theta}\right) = -\frac{\partial I}{r\partial \theta} + T\,\frac{\partial S}{r\partial \theta}$$

$$-W_r\left(\frac{\partial W_z}{\partial z} - \frac{\partial W_z}{\partial r}\right) + W_\theta\left(\frac{\partial W_z}{\partial \theta} - \frac{\partial W_\theta}{\partial z}\right) = -\frac{\partial I}{\partial z} + T\,\frac{\partial S}{\partial z}$$

采用准正交方向的投影关系(见图 2 - 27),将叶片力简化为切向压力梯度后,最终得到通流理论下求解的主方程,即

$$\frac{\partial V_m}{\partial s} = \frac{1}{V_m}\left(\frac{\partial I}{\partial s} - T\,\frac{\partial S}{\partial s} - \frac{V_\theta - \omega r}{r}\,\frac{\partial V_\theta}{\partial s}\right) - $$

$$V_m\left(\frac{\cos(\varepsilon + \gamma)}{r_m} - \frac{\sin(\varepsilon + \gamma)}{V_m}\,\frac{\partial V_m}{\partial m}\right) + \frac{dV_\theta r}{dm}\,\frac{d\theta}{ds}$$

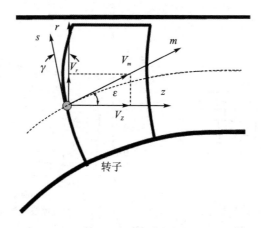

图 2 - 27 子午流线、准正交线的几何关系

求解中除了用到运动方程外,气体还必须满足连续方程,即

$$G = 2\pi \int_{r_{\text{hub}}}^{r_{\text{shroud}}} \rho r V_m \cos(\varepsilon + \gamma)(1 - \text{KK}) \mathrm{d}r$$

连续方程是求解的主控方程之二。式中,G 为该计算站的流量,r_{hub}、r_{shroud} 为流道的根尖半径,KK 为流量堵塞系数。

在求解通流程序时,环壁边界层的效应通过给定堵塞与熵增的方式引入,堵塞等于环壁边界层的位移厚度。而且环壁堵塞系数需要人为调整,以使计算结果与试验结果更加一致。堵塞系数也可以通过积分法求解边界层而获得,该方法既简单,结果又较为精确,多级压气机后面级的堵塞面积通常可以超过通道环面积的 10%。准确地预估堵塞对于多级压气机的设计至关重要:若在 S2 设计中输入了错误的堵塞系数,则某些级将一直工作于非设计条件,最终导致压气机前后不匹配,效率与喘振裕度也将随之降低。

传统的通流计算是基于理想流体流动的,流动中黏性造成的损失通常采用沿流线的多变效率或熵增的形式表示。在通流计算时没有实际求解能量方程,而代之以沿流线的转焓守恒作为求解条件,此时通流计算的损失沿叶展方向的发展基本为均匀的,没有考虑到大尺度的二次流和小尺度的紊流在展向掺混过程中的作用。实际压气机中,低动量流体可能因为端部二次流动、间隙流动、流体的湍流等原因发生展向迁移。在通流程序的计算中引入展向掺混模型,有助于更加准确地反映压气机内部流场的展向分布。展向掺混对于多级压气机尤其重要,通过展向掺混把损失向中径处传递,可打断环壁边界层的连续增长过程。罗·罗公司的 Gallimore 等人发展了一种有黏的通流程序,通过引入环壁剪切、叶尖间隙、展向掺混的效应,使得该通流程序的计算结果与试验结果较为一致,如图 2 - 28 所示。

与一维程序相比,通流程序能够给定考虑端区流动特征的压比、出口气流角等输入参数,同时还可以获得叶片负荷,马赫数等输出参数。通过改变静子的出口气流角

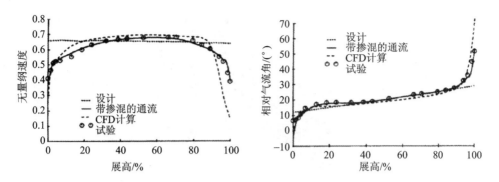

图 2 - 28　测量和预测的转子出口轴向速度和气流角

及级压比的展向分布,可以将端区的负荷控制在可接受的水平,其中一个典型的设计特征则是增大端区的通流速度,从而降低端区的负荷。

2.3.3　组合压气机 S2 设计方法的应用

合理地给定每一排叶片的熵增及环量的展向分布(某些程序中转子给定压比和效率,静子给定出口角度及总压恢复系数),再根据压气机的设计状态及相关的几何信息,便可进行 S2 的反问题求解。图 2 - 29 所示为中国航发动研所某轴流压气机的 S2 反问题所得的子午速度分布图,图 2 - 30 所示为某离心压气机的 S2 反问题所得的相对速度分布图。

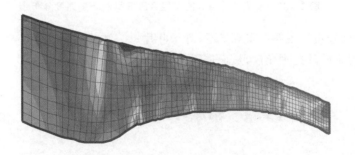

图 2 - 29　通流计算得到的某轴流压气机的子午速度分布

在设计组合压气机时,如果将轴流级和离心级分开设计,先进行轴流设计,再根据轴流的结果确定离心级的设计条件,那么在设计初期很难兼顾轴流与离心,基本不能完全考虑到轴流与离心间的匹配,需要后期再进行大量的迭代计算来调整两者之间的匹配关系,而在 S2 反问题设计时,把轴流与离心放在一起进行一体化的 S2 通流设计,有利于更合理地考虑组合压气机中轴流、离心间的匹配,大幅减少后续的迭代次数。图 2 - 31 所示为一体化通流计算得到的某组合压气机的子午速度分布。

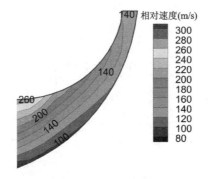

图 2 - 30　通流计算得到的某离心压气机的子午速度分布

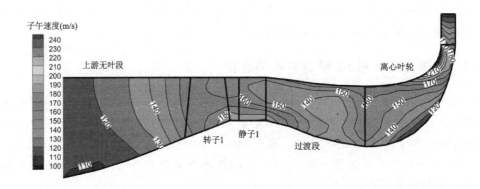

图 2 - 31　通流计算得到的某组合压气机的子午速度分布

通流反问题设计最终可得到转子、静子叶片每一站的气流角分布,给定合理的脱轨角,便可得到叶片造型角度,从而进行下一步的叶片造型工作。

| 2.4　轴流叶片设计技术 |

现代先进航空涡轮发动机的发展趋势为更高的功重比(推重比)、更低的耗油率,这要求发动机的压缩系统(压气机)向着高效率、高压比的方向发展。随着压气机效率与负荷的不断提高,传统的圆形前尾缘、单/双圆弧中弧线叠加低速叶型厚度为代表的叶型已难以满足要求,常用的 NACA - 65 系列、C4 系列原始叶型(见图 2 - 32)都属于层流机翼翼型范畴。从几何形状来看,这类翼型厚度变化比较平坦,具有层流区较大,摩擦阻力较小的特点,适于在低马赫数条件下工作,但当马赫数或负荷上升时其效果不佳,寻求在宽广范围内具有良好气动性能的压气机叶型及其设计方法意义重大。

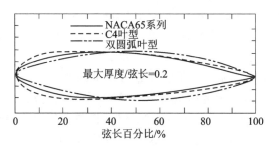

图 2-32　常规叶型厚度分布示意图

2.4.1　任意中弧线叶片造型技术

1. 任意回转面造型原理和方法

任意中弧线叶片造型技术是基于任意回转面造型方法发展起来的,因此首先介绍任意回转面造型方法。任意压气机叶片造型须在一个映射平面(即造型平面)上进行,通常该映射平面与轴对称流场计算中的子午流线回转流面存在一一对应关系。但由于子午流线回转流面较为复杂,在早期阶段,压气机负荷系数和马赫数较低,其子午流道一般接近直线,其回转面接近圆锥面或圆柱面,因此会把子午流线回转流面简化为圆锥面或圆柱面,并在其展开面上进行造型。具体到造型平面如何选取,与叶片排轴对称计算面中的子午流线形状相关,图 2-33 所示为轴流压气机转子叶片排和静子叶片排子午流线回转流面,在叶片设计时通常可分别近似为圆锥面和圆柱面展开面;图 2-34 所示为早期的离心叶轮,其叶片设计一般分为导风轮和工作轮两部分,亦可分别采用圆柱面和圆锥面进行造型。

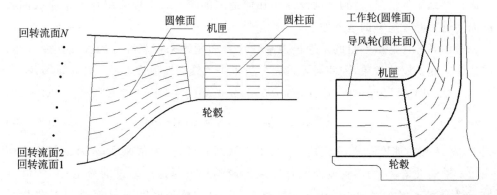

图 2-33　轴流压气机流道　　　　　图 2-34　早期低负荷离心叶轮流道

随着压气机负荷系数、叶尖切线速度、相对马赫数越来越高,对叶片型面的设计要求也越来越精细,叶型的微小偏差都将会导致叶片效率急剧变化。而常规叶片设计中使用的圆柱面和圆锥面是轴对称流场计算中子午流线回转流面的近似面,不能完全模拟子午流线回转流面的形状,且在其展开面进行叶片造型时不能参照子午流线气流角度进行叶片造型,设计往往带有一定的盲目性,因而设计的叶型与最终需要的理论叶片之间存在较大的偏差,降低了设计的准确性。

同时,对于图 2-35 所示的高负荷离心叶轮,导风轮与离心叶轮已融为一体,此时仍采用圆柱面和圆锥面展开面进行近似设计,将与子午流线回转面设计存在极大的偏差。因此,常规叶片设计方法不能满足高负荷离心叶轮的设计需求。

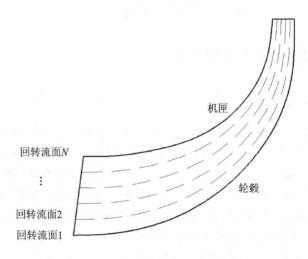

图 2-35　某高负荷离心叶轮流道

因此,若能直接在轴对称通流计算得到的子午流线回转流面(任意回转面)的转换面上进行造型,将能充分应用轴对称计算中的气流角分布,可以较大程度地保持原通流计算结果的信息,达到气动设计和几何造型的统一。下面介绍在子午流线回转流面上进行叶片造型的造型原理。

考虑到叶片造型的目的是通过控制叶片表面型线来控制叶片的表面速度分布,以达到减速扩压的效果,因此需要首先分析子午流线回转流面上的气体运动方程:

$$\mathrm{d}W/\mathrm{d}\theta = \cos\beta \cdot [r \cdot \mathrm{d}(\sin\beta)/\mathrm{d}m + \sin\sigma \cdot (W\sin\beta + 2\omega r)] \quad (2-43)$$

$$G = N\int_{\theta_p}^{\theta_s} \rho \cdot W \cdot \cos\beta \cdot \Delta n \cdot r\mathrm{d}\theta \quad (2-44)$$

式中,W 为相对速度;β 为气流角;m 为子午流线长度;ω 为角速度;σ 为子午流线切线与 z 轴的夹角;G 为回转流面流片厚度形成的环形通道所通过的流量;N 为叶片数;ρ 为气流密度;Δn 为子午流线回转流面上的法向流片厚度;r、θ、Z 为圆柱坐标系符号,下标 p 表示压力面,s 表示吸力面。

因为 r、m、Δn、σ 由轴对称流场计算给出,所以在固定转速和进出口条件下,回转面上叶片表面的速度分布仅取决于气流角 β 和 $\mathrm{d}\beta/\mathrm{d}m$ 值的大小,因此在叶片造型时,只要能直接控制气流角 β 沿子午流线 m 方向的分布变化便可得到合理的速度分布,从而减少流动损失,提高叶片效率。

下面介绍如何从任意回转流面转换至造型平面,首先令

$$\begin{cases} x = m \\ y = r\theta - \int_0^l \theta \, (\mathrm{d}r/\mathrm{d}m) \, \mathrm{d}m \end{cases} \qquad (2-45)$$

$x-y$ 平面就是子午流线回转流面造型的转换平面,$\mathrm{d}r/\mathrm{d}m$ 为子午流线的斜率,l 为叶片排内子午流线从叶片前缘到当地的长度。由式(2-45)可知,当 $\mathrm{d}r/\mathrm{d}m=0$ 时,为圆柱面转换;当 $\mathrm{d}r/\mathrm{d}m=$ 常数时,为圆锥面转换。

在造型平面上完成叶片造型后,需要将叶型坐标再转换到回转流面上。图 2-36 所示为轴对称流场计算叶片子午流线形状,图 2-37 所示为 $x-y$ 造型平面上任意一叶型型线 $y=y(x)$ 的示意图,该型线由造型平面上的叶片造型给定。

$$\begin{cases} r = r(z) \\ m = m(r,z) \end{cases} \qquad (2-46)$$

由式(2-46)可以确定 r 与子午流线 m 和轴向坐标 z 的对应关系,根据对应关系可计算出各点的斜率 $\mathrm{d}r/\mathrm{d}m$;对于给定的曲线,由式(2-45)可直接求出 θ 值,进而得到圆柱坐标系下的坐标。

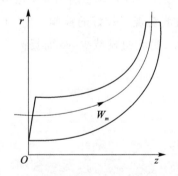
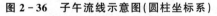
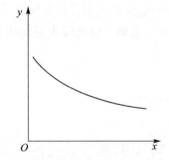

图 2-36　子午流线示意图(圆柱坐标系)　　图 2-37　$x-y$ 转换平面上叶型型线示意图

2. 任意中弧线叶片造型技术

传统的叶型设计由于中弧线形式固定,不能实现中弧线的任意调整,所以对通道内激波的控制并不是很理想。

为此,在上小一节讲述的任意回转面造型方法的基础上,发展了建立在轴对称流场计算结果基础上的任意中弧线设计方法,主要通过中弧线的任意调整实现对叶片沿程负荷的调整,进而实现对激波的控制。该种造型方法以轴对称流场计算得到的沿子午流线气流角为设计依据,叠加了根据经验给定的进口迎角和出口落后角后,能

够较大程度地模拟轴对称流场条件,实现高性能叶片设计。下面给出任意中弧线造型的原理和方法:

在子午流线回转流面转换平面上,对于任意一条曲线 $y(x)$,其斜率为

$$dy/dx = r\,d\theta/dm \qquad (2-47)$$

根据气流角的定义:$\tan\beta = W_\theta/W_m = r\,d\theta/dm$,则有

$$dy/dx = \tan\beta \qquad (2-48)$$

因此,在给定叶片构造角 β_z 分布的情况下,叶型中弧线由以下方法求得:

$$y = \int \tan\beta_z\,dx \qquad (2-49)$$

得到叶型中弧线后,在中弧线的法向方向上加载叶片厚度获得压力面和吸力面的型线,并添加前、尾缘小圆,获得造型平面上的叶型。图 2-38 和图 2-39 分别给出了某轴流转子和离心叶轮叶尖截面中弧线和叶型示意图。

任意中弧线造型设计的优点在于可以直接通过更改气流角分布来调整气动速度分布和载荷分布,同时可以通过预压缩角控制激波的位置和强度,因此该方法也适合对叶型进行优化设计,包括优化叶片表面静压分布、通道激波强度和位置的变化等。

图 2-40 所示为传统叶型与采用任意中弧线设计的叶片转子吸力面极限流线的对比,由图可知,采用任意中弧线设计的叶片对激波实现了较好的控制,减少了激波损失,叶片表面极限流线表明向尖部迁移的径向二次流明显减少,从而提高了转子效率。

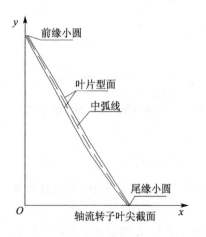

图 2-38 某轴流转子叶尖截
面中弧线和叶型示意图

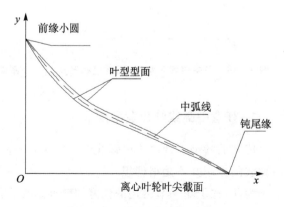

图 2-39 某离心叶轮叶尖截
面中弧线和叶型示意图

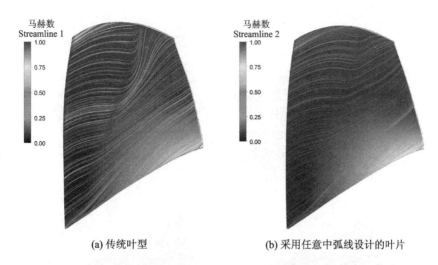

(a) 传统叶型　　　　　　　　(b) 采用任意中弧线设计的叶片

图 2 - 40　优化前后转子吸力面极限流线

2.4.2　基于变系数对流扩散方程的叶片设计技术

中国航发动研所研究人员首次提出了一种基于对流扩散方程的轴流离心通用叶片设计方法,该方法类比传热学中求解第一类边界条件下的温度分布,在给定进、出口,根、尖四条边界后,采用时间推进法求解带有变系数的对流扩散方程,得到整个域内的厚度/角度分布。为进一步控制厚度/角度沿展向的分布规律,实际应用中求解带有变系数的对流扩散方程,将系数与当地流场状况合理关联,得到适合该流场特征的叶片角度/厚度分布。该方法突破了传统的造型理论,合理地借用了物理意义明确的经典方程,进一步加大了叶片造型同流场流动特征的关联,提高了叶片适应流场的能力,大幅提升了静子叶片的总压恢复系数。图 2 - 41 所示为不同时间步下采用该方法求出的某压气机静子的厚度分布。该方法类比传热学中给定四条边界的温度后,通过对流扩散方程求解整个域内的温度场分布,其所得的分布必为光滑结果,可大幅减少设计人员后期手工调整的时间成本。

拉普拉斯方程为

$$\frac{\partial^2 \Phi}{\partial x^2} + \frac{\partial^2 \Phi}{\partial y^2} = 0 \tag{2-50}$$

带有变系数的对流扩散方程为

$$\alpha_i \frac{\partial^2 \Phi}{\partial x^2} + \beta_j \frac{\partial^2 \Phi}{\partial y^2} + \gamma_i \frac{\partial \Phi}{\partial x} + \lambda_j \frac{\partial \Phi}{\partial y} = 0 \tag{2-51}$$

为进一步提高叶片适应流场的能力,大幅减小叶片的损失,本方法将系数的分布同流场流动特征进行了耦合:根据流场的分布调整对流扩散方程系数的值与分布(相当于调整域内某一点的导热系数,可导致最终温度场分布的变化),提高叶片适应

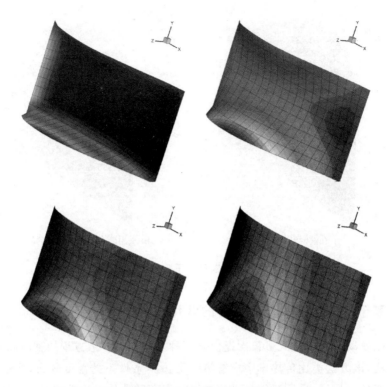

图 2 - 41　不同时间步下的厚度分布

流场的能力,显著减小静子尾部的分离区,提升静子叶片的总压恢复系数。图 2 - 42 所示为在相同边界条件下,三组适应不同来流条件的参数生成的厚度分布(边界相同)。

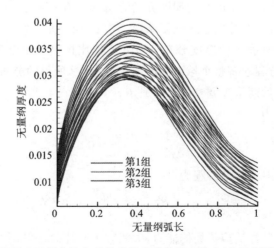

图 2 - 42　三组适应不同来流条件的参数生成的厚度分布(边界相同,彩图见彩插)

为验证本节方法的适用性,采用 STAGE67 的静子厚度进行验证。对该方法效果的评判是以三维计算的结果为依据的,因此三维计算的精度直接影响了对方法的判定。下面将从计算网格、差分格式、湍流模型等方面对本节所采用的设置进行说明。

计算网格采用 AutoGrid5 生成(见图 2-43),其中转、静子均采用 O4H 网格,表 2-3 中给出了各排叶片的网格参数的详细数值。

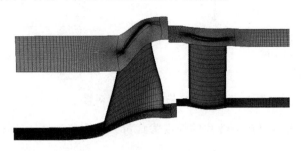

图 2-43　STAGE67 计算网格示意

表 2-3　网格参数

参　　数	最小正交性/(°)	最大长宽比	最大延展比	壁面第一层网格距离/mm	网格总数/万
R1	12	10 000	3.69	0.001	49
S1	31	8 400	3.52	0.001	38

计算采用商业软件 NUMECA 的 Euranus 求解器,使用有限体积方法求解三维定常雷诺平均 N-S 方程组,用 4 阶 Runge-Kutta 方法和中心差分格式对时间项、空间项进行离散,计算所用湍流模型为 S-A 模型,进口边界给定总温和总压(即 288.15 K,101 325 Pa),出口给定平均背压边界,动静交界面采用周向守恒型混合面,为加速收敛,采用隐式残差光顺及多重网格技术。

图 2-44 所示为计算结果与试验性能的对比,从图中可知,计算与试验的堵点流量相差 0.77%,峰值效率相差 0.07 个百分点,喘点压比相差 0.25%,除喘点流量外,计算结果与试验结果偏差较小,因此数值分析结果可以为后续的分析提供可靠依据。

在给定进出口及上下边界的厚度后,根据原始计算所得的流场参数对计算节点的系数值进行调整,便可得到新的厚度分布。图 2-45 所示为最终的 STAGE67 静子采用变系数对流扩散生成的厚度分布。

图 2-46 所示为改进前后 STAGE67 静子的厚度分布及与原厚度分布的对比,由图中可以看出,改进后的叶片只改变了最大厚度位置,而其最大厚度的值没有降

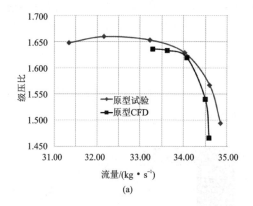
(a)

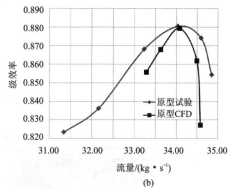
(b)

图 2 - 44   计算结果与试验性能对比

低,因此,此次改进并没有以损失叶片的强度为代价去换取气动性能的提升。

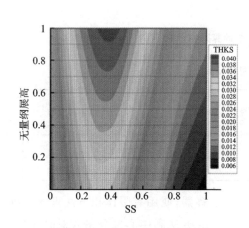

图 2 - 45   STAGE67 静子采用对流
扩散方程生成的厚度分布

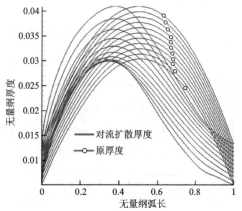

图 2 - 46   STAGE67 静子采用对流扩散生成的
厚度分布及与原厚度分布的对比

图 2 - 47 所示为静子采用对流扩散方程求解前后的级性能对比,从图中可以看出,静子改进后,压气机堵点的流量基本不变,喘点压比提高约 1.21%,综合裕度提高 3.19%,峰值效率提高约 0.89 个百分点,喘点效率提高约 1.17 个百分点,变系数对流扩散方程对静子的效果显著。

图 2 - 48 所示为改进前后转子、静子的分级特性对比,从图中可以看出,改进前后转子的效率压比特性线基本重合,而静子的总压恢复系数得到了大幅提升,喘点附近的总压恢复系数提高约 0.9 个百分点。

图 2 - 49 所示为近喘点附近根、中、尖(5%、50%、95%)三叶高的绝对马赫数云图分布,从图中可以看出,改进后静子尾部的分离区域大幅减小,其中以尖部最为

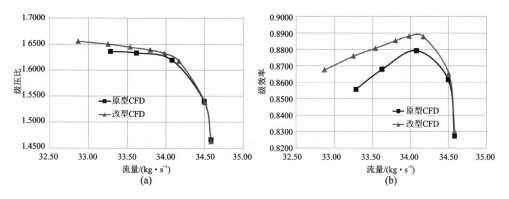

图 2‑47　STAGE67 静子改进前后级性能对比

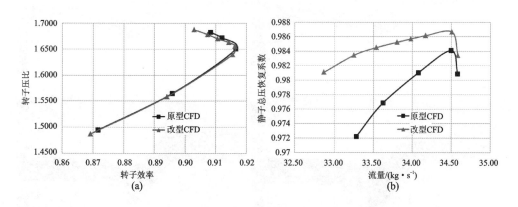

图 2‑48　STAGE67 静子改进前后转子、静子分级特性对比

明显。

本节提出了基于对流扩散方程的叶片设计方法研究,并通过数值模拟对设计方法进行了验证,得到以下结论:

① 基于对流扩散方程的叶片设计方法突破了传统的造型理论,采用物理意义明确的方程,创新性地将多截面多参数的求解转化为给定叶片进口、出口、根部、尖部参数条件下的求解;

② 基于变系数的对流扩散方程,将叶片造型与内部流动特征进行关联,提高了叶片适应流场的能力,大幅提升了叶片性能;

③ 采用变系数的对流扩散方程对 STAGE67 的静子厚度进行改进,改进后压气机级的综合裕度提高 3.19%,峰值效率提高约 0.89%,喘点效率提高约 1.17%,改进效果显著。

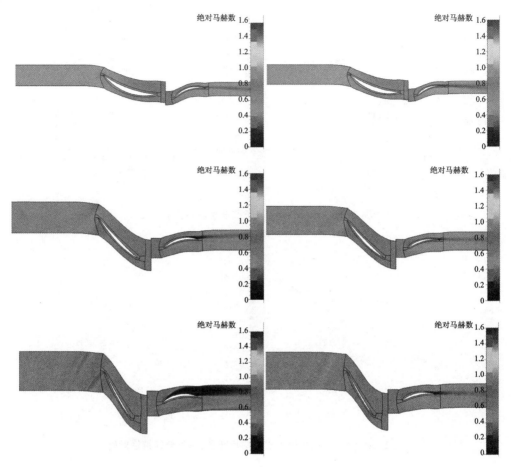

图 2-49　STAGE67 静子改进前后根、中、尖的绝对马赫数云图对比

2.4.3　定制前缘叶型设计技术

1. 定制前缘介绍

叶片前缘形状对于压气机气动性能具有非常重要的影响,吸力面前缘曲率变化导致形成负压尖峰(或称吸力峰),在前缘形成分离泡。对叶片前缘形状进行优化设计可以抑制前缘分离泡的形成和发展,有利于改善全叶片的边界层发展,减小型面损失。早期压气机设计多采用 NACA65、BC10 等系列叶型,其前缘多为圆形。自 20世纪 70 年代起,可控扩散叶型在压气机设计中得到广泛使用,相比于传统叶型,可控扩散叶型能够更好地控制扩散、抑制边界层的分离,且在高马赫数下能够极大地降低激波损失,因而能够减小型面损失,扩大低损失迎角的范围,得益于此,在多级环境下

可控扩散叶型的匹配更加方便。随着进一步深入研究发现,传统的圆弧形前缘由于其和叶身连接处的曲率不连续,导致前缘流体发生分离,形成分离泡,增加叶型损失。Walraeven 和 Cumpsty 通过试验,对比了圆弧形前缘和椭圆形前缘的局部流动,发现椭圆形前缘可以抑制附面层的发展,推迟边界层转捩,扩大了迎角范围。刘火星等人在此基础上将圆形前缘换为椭圆前缘,经过试验得出,椭圆形前缘的迎角范围比圆弧形前缘扩大。在圆弧和椭圆前缘的基础上,国内外学者陆续开展了叶片前缘形状的改进研究,陆宏志等提出了带平台的圆弧前缘,通过 CFD 计算与试验验证表明该型前缘形成了较弱的双吸力峰,其抑制前缘分离的能力不低于椭圆前缘。Miller 等对椭圆前缘进行了改进,消除了叶片吸力面的速度峰值。宋寅考虑前缘曲率的分布,研究了一种利用 Bezier 曲线造型的曲率连续叶型,发现该叶型抑制分离的效果强于椭圆前缘。

2. 定制前缘设计技术

目前主流的定制前缘技术有以下三种:椭圆前缘、CST 方法生成前缘、Bezier 曲线生成前缘。其中椭圆前缘通过调整椭圆的长短轴之比来调整前缘的形状;CST 造型方法主要用于飞机翼型设计(见

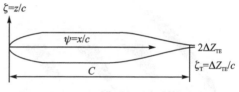

图 2 - 50　CST 方法生成叶型的示意

图 2 - 50),该方法的一大特点是通过坐标变换引入形状函数,在形状函数空间内前缘曲率分布的数值畸变减弱,而且通过形状函数边条可精确控制前缘点曲率大小和尾缘形状。CST 造型方法的一大优势是形状函数的引入,形状函数的特点在于可以缩小前缘处曲率的数值畸变,同时可以通过边界条件直接控制前缘点半径和尾缘形状,而边界条件的成立要求自变量的变化区间始终为 0～1。由此,在将 CST 方法用于叶片前缘造型时,必须对变量的定义进行适当修改。介于 CST 对二维直叶栅的形状描述更为实用,因此并不采用 CST 表达式直接描述压气机叶型,而是采用 CST 方法设计叶片的厚度分布。

采用三次 Bezier 曲线描述前缘型线时,三次 Bezier 曲线有 4 个控制点,其切矢性使得前缘与叶身型线的光滑过渡易于实现,中国航发动研所发展的基于三次 Bezier 曲线的曲率连续定制前缘如图 2 - 51 所示,点 P_0 即前缘点,其切线方向已知,点 P_3 为选取的前缘与叶身的切点,点 P_3 的位置确定后,其切线方向也能够从叶型原始型线得到。图 2 - 52 所示为用不同前缘生成方式得到的前缘的对比。图 2 - 53 所示为不同前缘生成方式的曲率分布图。

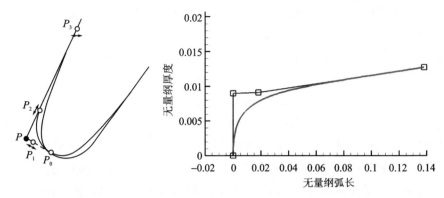

图 2－51　Bezier 曲线方法生成前缘示意

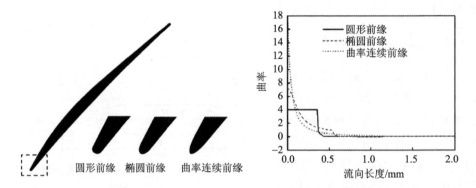

图 2－52　不同前缘生成方式得到前缘的对比　图 2－53　不同前缘生成方式的曲率分布图

　　图 2－54 所示为不同前缘计算得到的叶栅迎角特性及流场对比,可以明显看出,曲率连续前缘的可用迎角范围增大且最小损失低于其他两种前缘。

　　基于三次 Bezier 曲线的曲率连续定制前缘在中国航发动研所的组合压气机设计中得到成功应用,试验验证该前缘技术对压气机的效率和失速裕度有明显改善。图 2－55 所示为曲率连续前缘与圆形前缘在三维叶片中尖部截面前缘马赫数对比,从图中可以看出使用曲率连续前缘后,前缘吸力峰降低。图 2－56 所示为曲率连续前缘与圆形前缘在三维叶片中压比-流量特性对比,可以看出使用曲率连续前缘后压升有所提高。

　　综上所述,叶片前缘形状对压气机的性能影响较大,主要体现在以下几点:

　　① 详细分析平面叶栅在大迎角下的流动状况及损失增长趋势,可以发现前缘发生分离的临界迎角由前缘点曲率及前缘曲率变化共同决定,曲率连续前缘能够消除前缘的分离区,增加叶栅的可用迎角范围,减少最小损失;

　　② 三维叶片上使用曲率连续前缘能够显著减小叶片前缘吸力峰峰值,并提高了压气机在整条特性线上的效率和最高压比。

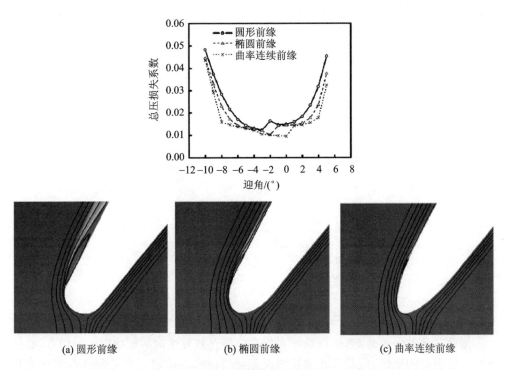

(a) 圆形前缘　　　　　　(b) 椭圆前缘　　　　　　(c) 曲率连续前缘

图 2-54　不同前缘的迎角特性及流场对比

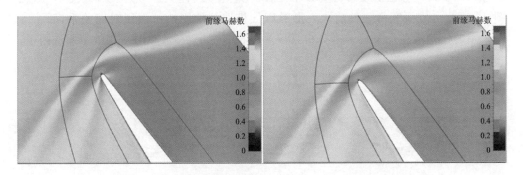

图 2-55　尖部截面前缘马赫数对比(圆形左,曲率连续右)

3. 定制前缘鲁棒性分析

　　压气机叶片不可避免的加工误差使得叶片实际型线偏离理论设计,导致压气机的性能下降;外场使用时,由于压气机处于进口的位置,吸入沙尘及水雾会导致叶片形状改变,叶片性能衰减。如果人为减小加工误差,提出过于苛刻的公差要求,这样设计不仅给加工带来了难度,导致制造成本急剧增大,而且难以保证发动机在外场不确定性干扰下仍能保持高性能,从而使发动机的性能衰减过大。与传统的刚性零件加工相比,压气机叶片前缘由于其弱刚性及剧烈的曲率变化,导致其在加工时误差来源相对于传统工件更为复杂,主要来源包括:叶片在交变切削力作用下,由于让刀变形和加工振动产生的误差;叶片在加工过程中因残余应力存在导致的加工变形;刀具磨损产生的误差;螺旋加工过程中因转动和数控伺服机制引起的误差;叶片装卡定位产生的误差。如此多的误差导致实际加工出的叶片前缘形状非常复杂,是多种加工误差的综合产物(见图 2-57)。

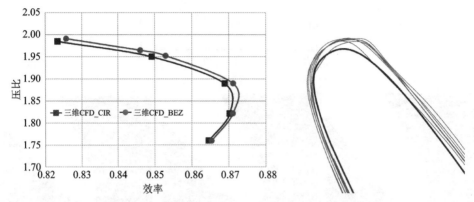

图 2-56　两种前缘的压比-流量特性对比　　图 2-57　实际加工出的叶片前缘形状

　　如此复杂的误差分布,使得设计人员在分析误差对性能的影响时十分困难,必须进行一定程度的简化,使得叶片前缘的误差可通过程序生成。在此种前提下将叶片前缘因加工误差导致的变形分为以下几种:扭转变形、钝尖变形以及收缩变形等(见图 2-56),分别研究每一种前缘变形对压气机性能的影响。由于时间关系,后续本节采用的代理模型及蒙特卡洛分析只涉及了收缩变形,参数化时直接给定缩放因子。

图 2-58　加工误差导致前缘变形

　　在加工误差影响不确定性分析中,须对蒙特卡洛模拟方法生成的大量随机样本进行计算,若直接通过 CFD 或试验手段获取叶型性能会大幅增加计算成本。为解决这一问题,构造克里金代理模型用于性能求解。其基本原理为在试验空间中合理采用较少的试验样本,建立能够表达参数化变量同叶型性能之间的近似函数模型。

　　本节先采用拉丁超立方的方法使得参数均布于取样空间中(见图 2-59),拉丁超立方可以高效地对样本空间进行填充,极大地避免了重复样本的选取,理论上能够显著减少采样次数。对每一个采样点进行 CFD 计算,并将其结果作为代理模型的输入数据。

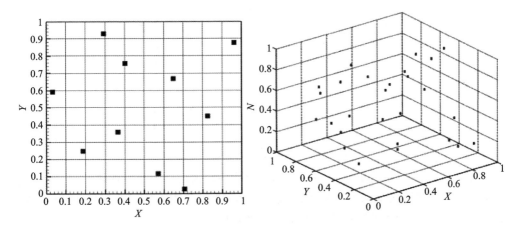

图 2-59　不同维度下拉丁超立方采样点分布

代理模型是指在不降低精度的情况下构造的计算量小、计算效率高,但计算结果与原始评估结果(试验、CFD 结果)相似的数学模型。本节采用了克里金模型,图 2-60 所示为某四峰值函数原型及克里金模型的预测结果对比。

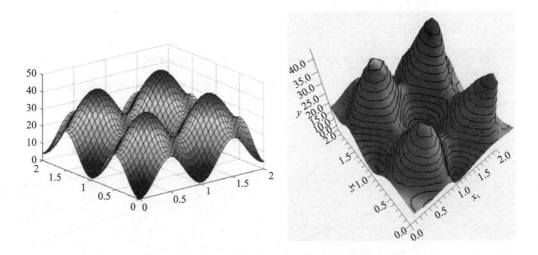

图 2-60　某四峰值函数原型及克里金模型的预测结果对比

加工误差引起的叶型型面偏差大小及位置呈现高度的随机性(见图 2-61),在对其进行分析时采用了蒙特卡洛方法,按照给定概率给出误差的分布,再用代理模型对其性能进行评判。由于偏差的固有随机性,因此在对其分析时应选用具有统计意义的指标进行评判,本节在评估时主要给出其性能参数分布及均值和标准差(见表 2-4)。

表 2-4　设计点效率统计参数示意

设计点效率	圆形前缘	曲率连续前缘
均值	0.859 12	0.860 88
标准差	0.000 44	0.000 33
方差	1.91E−07	1.09E−07
最大	0.860 29	0.861 61
最小	0.857 64	0.859 63
范围	0.002 65	0.001 98

前缘类型对压气机的特性影响显著,针对原传统圆前缘及曲率连续前缘,将前缘的加工公差带按照无量纲因子的形式给出,不同的无量纲因子代表了不同的前缘偏差量,图 2-62 所示为两种前缘的加工上下极限位置。

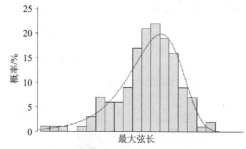

图 2-61　最大弦长的偏差取值概率分布　　图 2-62　两种前缘在相同偏差带示意

图 2-63 所示为两种前缘在不同无量纲偏差下对设计点性能的影响,从图中可以看出,两种前缘在无量纲偏差小于 1 时(变小时),设计点的效率与流量均升高,在无量纲偏差大于 1 时(变大时),设计点效率与流量均减小;传统圆前缘随着无量纲偏差变化,其效率与流量变化最为剧烈,对前缘偏差最为敏感。

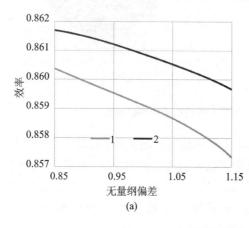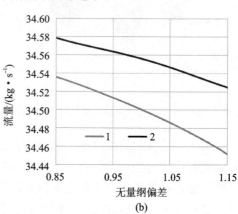

图 2-63　在相同偏差带下设计点效率及流量的分布

图 2-64 和图 2-65 所示为两种前缘在叠加相同均值、方差的正态分布随机偏差后,其设计点效率及流量的响应分布,从图中可知,传统圆前缘在随机误差分布下其效率的均值最小为 0.859 1,标准差为 0.000 44,曲率连续前缘效率均值最高为 0.860 8,标准差为 0.000 33,因此曲率连续前缘对前缘偏差的变化最不敏感,稳健性最好。

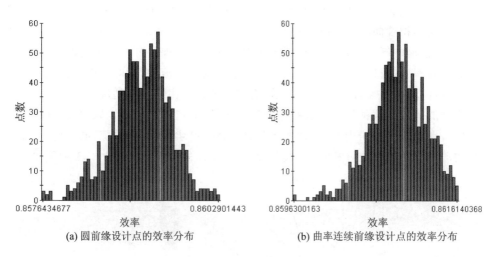

(a) 圆前缘设计点的效率分布　　　　(b) 曲率连续前缘设计点的效率分布

图 2-64　在相同偏差带下设计点效率的分布

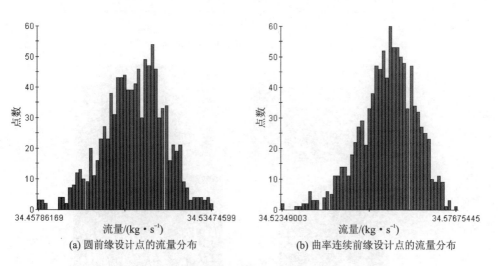

(a) 圆前缘设计点的流量分布　　　　(b) 曲率连续前缘设计点的流量分布

图 2-65　在相同偏差带下设计点流量的分布

综上所述,相比圆形前缘,曲率连续前缘对前缘偏差不敏感,具有更好的鲁棒性。

2.4.4 叶片复合弯掠设计技术

1. 复合弯掠叶片介绍

人们对新叶型设计高度关注的同时,叶片的设计,即叶片空间走向或叶片的空间积叠对气动性能影响的研究也得到广泛的关注,如弓形静子、弯掠形动叶。由于采用了周向弯曲的积叠曲线,叶片的空间走向不同,改变了叶片对气流的作用力方向和大小,使叶片槽道中气流流动模式有别于常规的叶片。在保证叶片强度的前提下,改变叶片的空间积叠,可以更合理地组织叶片槽道中的气流流动,为叶片设计提供了又一个新的设计变量,使设计者可以更灵活、更有效地设计出符合流动规律的,具有高效、高稳定性的叶片。这种设计方法被称为三维设计,并已开始应用于风扇/压气机气动设计中。在发动机图册中看到的"古怪"风扇前缘、叶尖前倾(或前掠)的风扇/高压压气机的动叶、周向弯曲的静叶等,其都是三维设计的结果,如图 2-66 和图 2-67 所示。

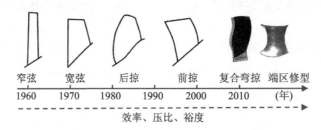

图 2-66　压气机叶片的发展趋势

图 2-67　HF120 涡扇发动机复合弯掠风扇叶片设计

2. 弯掠叶片工程应用难点

在转子中使用复合弯掠叶片的难点主要在于变形控制,即如何在保证性能最优的前提下,控制转动后转子的变形,使得在发动机需要使用的全转速范围内叶型变换不至于过大,中国航发动研所在压气机复合弯掠叶片工程应用方面进行了初步探索,图 2 - 68 所示为中国航发动研所某压气机转子直叶片与弯掠叶片的积叠轴对比,该叶片尖部前掠 6 mm,周向最大偏移为 3 mm。

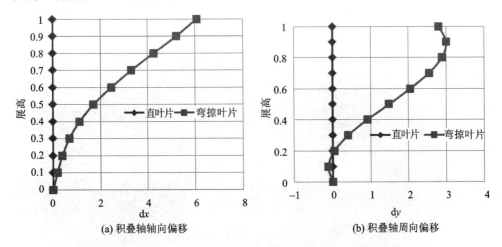

(a) 积叠轴轴向偏移　　　　　　　　(b) 积叠轴周向偏移

图 2 - 68　某压气机转子直叶片与掠叶片的积叠轴对比

图 2 - 69 所示为中国航发动研所某压气机转子直叶片与弯掠叶片的性能对比,从图中可知,弯掠叶片近喘点的压比高于直叶片,且效率在整条特性线上比直叶片高出 0.2 个百分点,效果非常好。

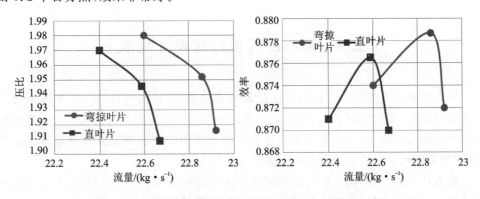

图 2 - 69　某压气机转子直叶片与弯掠叶片的特性线对比

叶片高速旋转后,由于离心力及叶片吸压力面静压差的影响,叶片在高速旋转时产生变形,在工程实用中如直接使用该弯掠叶片可能存在一定的问题。图 2 - 70 所示为该弯掠转子叶片在设计转速下的周向与轴向变形,结果表明该压气机周向变形为

4.7 mm,轴向变形这 5.6 mm,变形大小与给定的弯掠初始量大小相同,方向相反,使得叶片变回类似直叶片的形状。因此在工程实用中使用弯掠叶片时,会采取以下两种措施:第一种是冷热态变换,即通过迭代计算在给定热态叶型的情况下,反算出冷态叶型;第二种是通过控制叶片的积叠线分布,保证变形小于某一值的前提下性能最好。冷热态变换计算量不大,但是难以控制全转速特性下的叶型变形,控制叶片的变形同时保证性能较好的方法需要通过多学科优化的手段得到,计算量较大。

本节讨论了弯掠叶片的作用机理及其在工程应用的难点,未来随着发动机压缩系统性能的不断提升,弯掠叶片会大幅应用在压气机叶片的设计中,基于强度计算与气动计算,结合多学科优化的方法必然成为弯掠叶片设计的趋势。

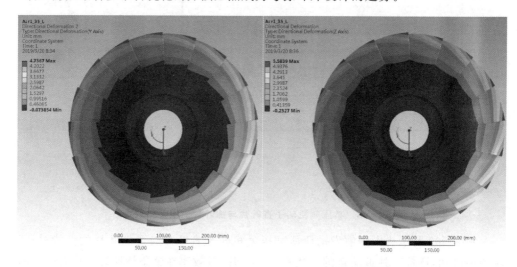

图 2 – 70 某压气机弯掠转子叶片的周向与轴向变形

| 2.5 离心压气机叶片设计技术 |

早期的离心压气机叶片设计方法是几何成型法,设计人员认为叶片型线是由二次曲线组成的,如使用圆弧线、抛物线等代表叶型、叶尖、轮毂型线形状。对于这种传统的几何成型方法,由于在叶片成型过程中没有考虑叶片表面上载荷分布等气动问题,不可避免地会对离心压气机的性能产生不利影响。

随着技术的发展,离心压气机几何成型法正逐步被气动成型法取代,并相继出现了二维气动设计方法,准三维气动设计方法和全三维气动设计方法。目前国外叶轮研究机构已经针对离心压气机的设计推出了计算机辅助集成设计系统,使得设计工作体系化。

2.5.1　离心叶轮设计技术

离心压气机结构较为简单,单级可以实现较高的压比,广泛应用于轻型涡轴发动机、分布式能源(发电用燃气轮机)、辅助动力装置(简称 APU)等,是这些高技术装备的核心部件之一,对使用性能有较大影响。

(1) 微型燃气轮机

我国地域辽阔,特别是西北、西南某些地域居民居住地不集中,常规供电成本高。微型燃气轮机相比传统以柴油机或汽油机作为动力装置的发电设备而言,其重量和尺寸明显减小、功率密度大、经济性好,因而是分布式发电的首选,在我国具有良好的应用前景。近年来,国内多家单位开展了有关微型燃气轮机的设计技术的研究,以哈尔滨东安发动机有限公司为牵头单位负责的国产 100 kW 级微型燃气轮机 2012 年顺利实现额定功率并网发电。文献[29]统计当前微型燃气轮机的离心压气机总压比普遍为 3.5~4,因而简单循环的热效率低于 20%。要提高微型燃气轮机的热效率,必须提高压气机总增压比。国外已开展新一代微型燃气轮机的设计研制计划,日本 Kawasaki 于 1998 年成功设计出高效的离心压气机,其试验增压比达到 8.45,效率达到 79%,使得 300 kW 级燃气轮机整机效率突破 40%,达到了 42.1%。

(2) 涡轮增压器

为提高发动机燃烧效率、减小污染物排放,需要内燃机吸入更多的空气和燃油混合,充分燃烧。利用内燃机排出的高温高压尾气带动压气机给进入内燃机的空气进行预压缩,这样可有效回收废气中的能量,同时又增加了内燃机的吸气量,从而达到减小污染物排放、提高内燃机功率的目的。MTU 和 ABB 开发有大功率柴油机,因此对高压比离心叶轮的需求较多。文献[31]中指出 MTU890 系列发动机采用了 ZR125 型涡轮增压器,其单级离心压气机增压比达到 5。瑞士 ABB 公司开发的 TPS 系列增压器致力于高通流、高压比,全负荷时增压比达到 5.2。

(3) 涡轴/涡扇/涡桨发动机

相比于微型燃气轮机及涡轮增压器,高压比离心压气机在航空发动机中的应用也非常广泛。国外某些轻型直升机动力装置通常会采用高负荷离心压气机,如普·惠公司 PW200 涡轴发动机,法国赛峰集团阿尤赫、阿赫耶涡轴发动机,日本三菱重工 MG5 涡轴发动机,罗·罗公司 Model 250 C28/C30/C40 涡轴发动机,乌克兰伊夫琴科-进步设计局(Ivchenko-Progress) AI450 涡轴发动机、威廉姆斯国际(Williams International)FJ44 小型涡扇发动机,GE-Honda HF120 小型涡扇发动机,霍尼韦尔 LTP101/LTS101 涡桨发动机等。

表 2-5 中列举的涡轴发动机型号大部分功率均不超过 1 000 kW,多定位于轻型动力装置。采用单级离心压气机的涡轴发动机型号也较多,如 PW200、阿尤赫、MG5、Model 250 C28/C30/C40、AI450 等。对于轻型直升机而言,其自身尺寸较小,对涡轴发动机的几何尺寸和重量都有较高的要求,采用单级高负荷离心压气机可有

效减少压气机的零件个数,提高发动机的功率输出密度。早期发展的若干机型,因高负荷跨声速离心压气机稳定裕度较低,再加上材料强度无法满足叶轮极高的线速度要求,所以普遍采用轴流离心组合式压气机,典型的机型如 Model 250 C20、阿赫耶。

表 2-5   高压比离心压气机应用情况

型　　号	类　型	厂　　家	布　　局	离心压气比	功率推力级别
PW200 系列	涡轴	普·惠	1C	8.1	300~370 kW
阿尤赫 2F	涡轴	赛峰集团	1C	8.3	350 kW
MG5	涡轴	三菱重工	1C	11	450~650 kW
Model-250 C40	涡轴	罗·罗	1C	9.2	530 kW
FJ44	涡扇	威廉姆斯国际	1F+1A+1C	6.4	8.45 kN
HF120	涡扇	GE-Honda	1F+2A+1C	7.3	9.12 kN
LTP101-600A1A	涡桨	霍尼韦尔	1A+1C	6.0	440 kW
Honewell 131-9[A]	APU	霍尼韦尔	1C	—	400 kW
MS-500 V	涡桨	马达西奇	1C	—	500 kW

近 40 年来,围绕高负荷跨声速离心压气机设计及实验等关键技术开展了不少的研究,为高效率、宽稳定裕度的离心压气机的应用奠定了基础。由于掌握了高负荷跨声速离心压气机的设计技术,罗·罗公司在 Alison Model 250 系列后续的改进型如 Model 250 C28/C30/C40,法国赛峰集团阿尤赫 1、阿尤赫 2 等都采用了高负荷单级离心压气机来完成增压过程,法国透博梅卡公司 Arrinus 2F 涡轴发动机压气机增压比在 8 以上,更为先进的 Arrinus 2K 涡轴发动机压气机压比更高。

对于中小航空发动机,离心压气机应用广泛,离心压气机的单级增压比越来越高,国外在单级压比 10~12 量级压气机设计上取得突破,500~800 kW 以下的发动机采用单级高压比离心压气机仍然极具潜力。综合分析发现,高压比离心叶轮在航空发动机中已应用非常广泛,民用发展程度也达到了较高的水平。随着我国经济的快速发展,分布式发电设备、汽车尾气污染排放控制以及军民两用小型直升机等对高压比离心压气机的需求十分旺盛。未来我国军民两用轻型直升机需求旺盛,新型轻型直升机动力装置及辅助动力装置迫切需要高压比离心压气机,因此必须发展尺寸小、增压比高、宽稳定裕度的高性能离心压气机以满足使用需求。

近年来,针对高性能离心压气机,出现了如双合金离心叶轮盘、串列离心叶轮、自由曲面离心叶轮等先进技术,实现了离心压气机性能的进一步提升。

1. 串列离心叶轮

美国于 1988 年开始实施综合高性能涡轮发动机技术计划(IHPTET),在计划的第一阶段开展了串列叶轮研究,如图 2-71 所示,在第二阶段,他们利用串列叶轮的研究成果进行一种新型高性能组合压气机(见图 2-72)的研究,并取得重大进展。

图 2-71　IHPTET 计划串列离心叶轮

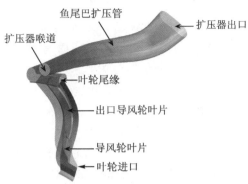

图 2-72　串列叶轮＋管扩离心级

中国航发动研所是国内首次系统开展串列叶轮研究与试验工作的单位,其以某型发动机的离心压气机为背景,利用自主开发的设计软件,在保持离心叶轮子午流道和叶轮直径等几何条件不变的情况下,完成了串列叶轮的设计,采用存量压气机试验件资源,改进设计了串列离心压气机试验件进行性能试验研究,以考察串列叶轮对离心压气机性能的影响。图 2-73 和图 2-74 分别为串列叶轮的气动设计流程图与实物图。试验结果表明,在流量、压比均保持相当水平的前提下,采用串列叶轮的离心压气机整级效率比常规叶轮提高 1.0%。

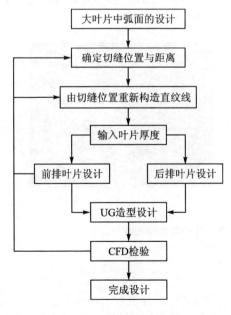

图 2-73　串列叶设计流程

图 2-74　串列叶轮实物

2. 复合弯掠离心叶轮

叶轮机械内部流动复杂,叶片通道内普遍存在与主流流动方向不一致的二次流动,这种流动现象导致基元叶栅通道的流动偏离既定的设计规律。离心压气机由于其特殊的流道形式,使得叶轮内部流动存在极强的三维效应,随着离心压气机负荷的进一步提高,这种效应更为显著,严重制约离心压气机性能提升。对于跨声速离心叶轮及负荷较高的离心叶轮,其内部的流动呈现出的三维效应更加强烈,因此采用三维特征强的复合弯掠叶轮(见图2-75)可有效实现对叶片表面二次流的抑制,提高压气机性能。

图 2-75　GE-Honda HF120 涡扇发动机的复合弯掠离心叶轮

3. 自由曲面离心叶轮

常规直纹面由于叶轮的厚度分布只由根部和尖部两个截面确定,非常易于加工,有利于节约加工成本。为进一步提高离心叶轮性能,Hamid Hazby 等人提出了一种叶片沿展向的厚度可调的自由曲面离心叶轮,该种叶轮增加了叶轮造型设计的维度,有利于提高离心叶轮的效率,如图2-76所示。中国航发动研所在自由曲面离心叶轮设计方面也进行了探索,在某高压比离心压气机中采用了全三维复合弯掠离心叶轮设计,如图2-77所示,目前正在开展试验验证研究。

(a) 改型

(b) 原型

图 2-76　PCA 与 ABB-Barrel 离心叶轮与常规叶轮对比

4. 多重分流叶片设计技术

通常,在进口流量一定的情况下,叶片数过多会使得叶轮进口尖部直径增大(相对马赫数升高),且根部稠度过大,导致流通能力减弱,同时还会导致刀具干涉,增加加工难度。多重分流叶片设计技术在高负荷跨声速离心压气机中具有显著的优势,多重分流叶片(见图 2 - 78 和图 2 - 79)一方面可以改善进口叶片稠密导致的堵塞,减小进口叶尖直径,进而降低叶尖相对马赫数;另一方面,叶轮中下游叶片数较多,可以实现气流的有效约束,有效提升叶轮做功能力。多重分流叶片离心叶轮设计已经在中国航发动研所的多个高负荷离心压气机中得到成功应用,在出口叶轮切线速度保持不变的前提下,显著提高了离心压气机的压比和效率,如图 2 - 80 所示。

图 2 - 77　中国航发动研所某高压比离心压气机自由曲面离心叶轮设计

图 2 - 78　MG5 离心叶轮

图 2 - 79　Kawasski 离心叶轮

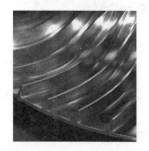

图 2 - 80　中国航发动研所某高负荷离心压气机多重分流叶片离心叶轮设计

5. 准三维反问题

I. M. Victor 等人将反设计引入高压比离心压气机的设计中,对一增压比为 8 的离心压气机进行了设计,如图 2 - 81 所示。气动设计过程对 90% 叶高的叶栅进行了精细的反设计,为减少叶轮损失,采用了双激波系。双激波系的建立采用了准三维反方法,叶轮性能采用求解全三维 N - S 方程进行预测。叶栅精细反设计中以叶片表面压力分布为控制变量进行载荷控制。M. Zangeneh 等人对一增压比为 6.2 的离心叶轮(见图 2-82)采用反方法进行了优化设计,结果表明新设计的叶轮出口流场更为均匀,有利于提高叶轮气动性能。气动设计中控制沿着流向涡量的偏导数 $\frac{\partial r V u}{\partial m}$ 来实现对载荷的控制。

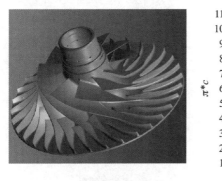

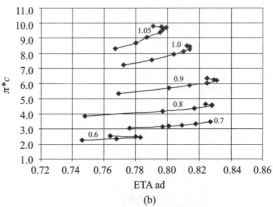

(a)   (b)

图 2-81   压比 8 量级离心压气机离心叶轮与数值预测结果

(a) 原型   (b) 改型

图 2-82   M. Zangeneh 采用的反方法

2.5.2   扩压器设计技术

轴流离心组合式压气机形式在航空发动机中应用广泛,涡轴发动机如 TM 公司阿赫耶、小型涡扇发动机如 GE-Honda HF120、PW 公司涡扇发动机 JT15D-1 等。通常轴流离心组合压气机中,离心压气机放在末级,因此发动机的最大径向尺寸和离心压气机径向扩压器的尺寸密切相关。为保证轴流离心组合压气机具有较高的效率,轴流级和离心级的性能都必须兼顾,然而离心级作为末级还需要兼顾紧凑的结构尺寸,故设计难度较大。常规的叶片式扩压器要获得较好的性能必须加大径向尺寸,以减小扩压度,减小损失,如何保证在较高负荷且结构紧凑的前提下获得良好的气动性能便成为了设计人员面临的严峻挑战,高效的扩压器设计技术成为了制约高负荷离心压气机气动设计的关键阻碍之一。

1. 管式扩压器

20 世纪 60 年代发展的管式扩压器因其结构尺寸紧凑、气动性能优良,得到了长足的发展,但其关键技术一直被少数几个航空发动机设计公司所垄断。GE 公司、PW 公司等均有带管式扩压器的航空发动机产品,实践证明其确实具有优良的气动性能。因其优良的气动性能,国内外学者对管式扩压器开展了数值和实验研究。I. Bennett、A. Tourlidakis 等人对管式扩压器设计的关键参数进行了分析。R. Kunte、P. Jeschke 等人对带串列式回流器的管式扩压器(见图 2 - 83)内部流场进行了研究,发现两排回流器存在最佳周向位置使得性能最优。J. A. Bourgeois、R. J. Martinuzzi 等人对采用管式扩压器的压气机级进行了数值计算并和试验进行了对比,结果表明数值计算的性能及内流场与实际测量结果吻合良好。D. R. Grates、P. Jeschke 等人对某带管扩的离心压气机级进行了非定常模拟,并对管式扩压器的内部流动进行了详细分析。石建成、刘宝杰、王毅、赵胜丰、卢新根等人对混合式扩压器的流动特点进行了分析,数值上验证了管式扩压器优异的气动性能。王博、严明对管式扩压器的三维造型方法进行了研究,并对管式扩压器迎角特性及局部形变对性能和流场的影响进行了分析。

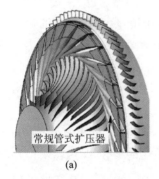

常规管式扩压器　(a)　　裁剪管式扩压器　(b)　　串列回流器　(c)

图 2 - 83　混合式管扩离心级

管式扩压器由一系列管道构成,其进口为相邻管子相贯形成的大前掠结构,该种结构对于超跨声速气流具有良好的适应性。目前典型的管式扩压器主要有两种,混合式管式扩压器和一体式管式扩压器。径-轴扩一体式结构一般分为:① 无叶区;② 伪无叶区;③ 半无叶区;④ 喉道区;⑤ 锥形扩压区;⑥ 鱼尾巴扩压区(扩压器下游径向至轴向的整个区域)6 个区域,而混合式管式扩压器没有鱼尾巴扩压区,图 2 - 84 所示为前 5 个区域。

(1) 混合式管式扩压器设计技术

混合式管式扩压器通常应用于径向尺寸较为紧凑的构型中,可以在径向尺寸紧

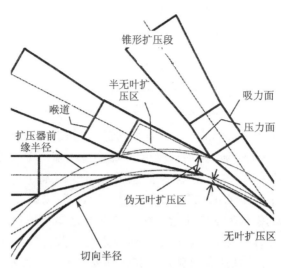

图 2-84 管式扩压器几何结构示意图

凑的前提下实现高效减速扩压,具有优良的气动性能,主要适用于叶轮出口绝对马赫数为 0.85~0.95 且径向尺寸较为紧凑的亚声速离心级中。

(2) 一体式管式扩压器设计技术

相比于混合式管式扩压器,一体式管式扩压器由于其扩压器通道为一系列管道,超跨声速不均匀来流经过管式扩压器大前掠结构的梳理作用,然后在平直的喉道内进一步整流后,经过锥形扩压区和鱼尾巴扩压区进一步减速扩压,扩压通道内没有传统叶片铣削或焊接后形成的角区,气流顺畅,扩压效果良好,普·惠管式扩压器如图 2-85 所示,此种扩压器更适用于叶轮出口马赫数为 0.95~1.2 的超跨声速离心级中。

管式扩压器设计需要考虑的细节很多,如管式扩压器出口-喉道面积比 A_{out}/A_{throat} 和当量扩张角 θ_{eq},它们都是管式扩压器设计需要关注的参数,扩压器出口马赫数越低,则 A_{out}/A_{throat} 越大,θ_{eq} 越大表明扩压器的扩张程度越厉害。通常设计中希望在较短的流道内实现高效的减速扩压,然而流道过短会导致管式扩压器 θ_{eq} 过大而产生气流分离,流道过长又会增加壁面摩擦损失。设计中不但要兼顾较高的气动性能和综合裕度,同时还要考虑扩压器出口的速度及气流角度等,确保进入燃烧室的气流满足要求。

2. 三维叶片式扩压器

参考管式扩压器大前掠结构对气流的良好梳理作用,将三维叶片式扩压器的叶片前缘设计成类似管式扩压器的前掠结构,该种构型的扩压器加工工艺简单,能够一定程度上提高压气机气动性能。中国航发动研所以某双级离心压气机的直叶片式径向扩压器为基础,将其改进为全三维叶片式扩压器,使得离心压气机的设计点效率提高 0.3 个百分点以上,如图 2-86 所示。

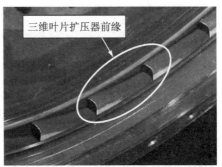

图 2-85　普·惠公司的管式扩压器　　　　图 2-86　三维叶片式扩压器

|2.6　过渡段设计技术|

压气机过渡段是连接轴流压气机和离心压气机的部件。对于压气机的过渡段而言,由于其进口半径较大、出口半径较小,并且在进出口方向接近轴向,因此,过渡段有两个弯曲处(曲率发生变化),曲率的变化将导致静压的变化。在第一个弯曲处轮毂静压较低、机匣静压较高;在第二个弯曲处刚好相反,即轮毂静压较高、机匣静压较低(见图 2-87)。上述结果导致在接近轮毂处的流动先加速、然后减速、最后加速;然而在机匣附近的流动刚好相反,即流动先减速、然后加速。

当前组合压气机过渡段设计方法主要是针对某一确定进出口尺寸的,通过简单调整几何参数(如流道曲率和轴向长度等),进行数值模拟和实验测试,从而分析得到各自参数对压气机过渡段性能的影响。通过对数值模拟的分析,采用优化的方法来对压气机过渡段进行重新设计,优化目标通常为过渡段总压恢复系数,而优化变量即为设计时所选的几何参数。

下面以某涡桨发动机压气机过渡段为例论述其设计过程。

过渡段的主要设计特征参数为:$\Delta R/L$、h_{in}/L、r_{in}/L、t_{max}/c 和 A_{ex}/A_{in},其中 L、ΔR、r_{in}、h_{in}、t_{max}、A 分别为过渡段长度、平均半径径向差、进口半径、进口高度、支板最大厚度以及面积,如图 2-88 所示。对于上述设计参数,增大 ΔR 或者减小 L,将导致过渡段壁面曲率变化加剧,流动易出现分离。同样,支板的最大厚度与弦长的比值越大,意味着支板的厚度越大,在支板靠近轮毂角区处流动分离的风险越大。表 2-6 所列为某涡桨发动机中过渡段的主要设计参数,下面将详细分析相关特征参数对过渡段气动性能的影响。

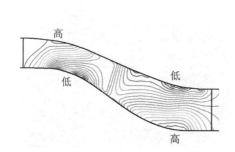

图 2-87　过渡段压力分布示意图

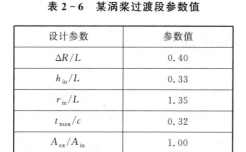

图 2-88　压气机过渡段子午流道示意图

表 2-6　某涡桨过渡段参数值

设计参数	参数值
$\Delta R/L$	0.40
h_{in}/L	0.33
r_{in}/L	1.35
t_{max}/c	0.32
A_{ex}/A_{in}	1.00

以某涡桨发动机的过渡段为原型,为简化研究,仅保留过渡段部分(见图 2-88),分别研究了过渡段面积分布、过渡段长度等参数对过渡段气动性能的影响,具体影响分析如下:

(1) 过渡段面积分布

针对过渡段通道的面积分布,本小节以某涡桨过渡段原型为基础,分别设计了 3 种面积分布形式,保持进出口面积相同,其面积以进口面积为基准,进行了无量纲化,其沿程相对面积分布如图 2-89 所示,其中标记为"Area1.0"的方案为面积分布沿程基本保持不变,标记为"Area1.1"的方案为最大面积比与进口面积比为 1.1,标记为"Area1.2"的方案为最大面积与进口面积比为 1.2。

图 2-90 所示为 $Ma=0.5$ 时,3 种方案的壁面静压系数沿流程的变化,可以看出,对于轮毂而言,静压先降低后升高,其壁面静压存在两个波谷,分别位于第一个转弯处和接近支板最大厚度位置处;对于机匣而言,壁面静压先升高后降低。在保持进出口面积不变的情况下,随着最大面积比的升高,轮毂最小静压值升高,其沿流程逆压梯度降低,在很大程度上降低了流动分离的风险,从而使得过渡段损失减小。从图中可知,方案"Area1.0"对应的出口静压明显低于方案"Area1.1"和"Area1.2"的出口静压值,而后两者的出口静压值基本相当。

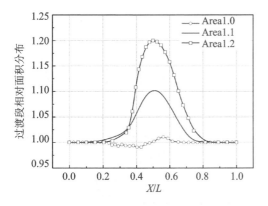

图 2-89 过渡段面积沿轴向的变化

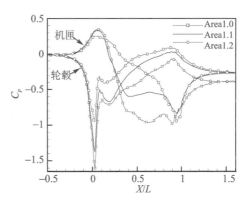

图 2-90 过渡段压力分布图

图 2-91 所示为上述 3 个方案对应的总压损失系数对比,相比方案"Area1.0",方案"Area1.1"和"Area1.2"的总压损失分别降低了 17% 和 19%,可以看出,在进出口面积保持基本不变的情况下,随着最大面积比的增加,其总压损失逐渐减小,即面积的扩张在一定程度上弥补了支板气动堵塞带来的损失,从而使得总压损失降低。但最

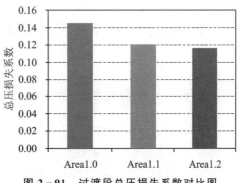

图 2-91 过渡段总压损失系数对比图

大面积比增加至一定程度后,其总压损失降低的幅度减小,即存在最佳面积比,该参数与支板最大厚度、流道面积分布等参数相关,而针对该过渡段,其最佳面积比为 1.1。

通过对上述 3 种方案的分析可知,过渡段面积分布规律应呈现先增大后减小的趋势,这种分布规律可使得过渡段总压损失相对较小。面积在支板最大厚度位置附近呈现明显的扩张,可以显著削弱支板堵塞带来的不利影响,进而降低过渡段损失。上述结论与国外研究一致。

(2) 过渡段长度

针对过渡段的长度而言,该参数与设计变量 $\Delta R/L$ 相关联,其长度的缩短可使得高低压转子长度减小,从而减轻发动机重量,然而过渡段长度的减小将导致半径落差的增大,即在较短的长度内完成气流的折转,必然导致损失的增加。随着过渡段长度的减小,静压的最小值将减小,其近轮毂壁面的逆压梯度将增大,当过渡段减小至某一临界值时,其过渡段损失将会显著增加。Ortiz 等人研究了过渡段长度对其性能的影响,在某涡桨过渡段的基础上分别将过渡段长度缩短至 74% 和 64%,试验结果表明,当长度缩短至 74% 时损失仅增加 11%,而过渡段长度缩短至 64% 时其损失增加 88%。

(3) 支板最大厚度

在某涡桨发动机的过渡段中有 4 个无弯度的支板(中弧线为直线),其作用是便于油路、冷却空气管路等附件穿过过渡段。上述这些约束导致支板横截面积不能过小,再加上过渡段总长度的限制,支板长度不能过长,因此,支板的最大厚度与弦长之比相对较高,在现代航空发动机中,其值范围为 0.14~0.35,在某涡桨发动机中其值为 0.32。

支板的添加显著增大了过渡段内的压力梯度,在支板前缘,流动加速性更为明显;在支板尾缘,流动减速特征更为突出。过渡段后半程靠近机匣壁面处,流动速度表现为支板造成的扩压与壁面曲率导致的流动加速两者的叠加,因此,对于机匣而言,流动分离的可能性较小。在过渡段后半程靠近轮毂壁面处,流动刚好相反,此处流动表现为支板与壁面曲率两者造成的扩压的叠加。若两者造成的扩压足够大,则在支板尾缘靠近轮毂处很容易出现流动的分离。

| 2.7 基于参数化的复杂曲面成型与多目标优化技术 |

2.7.1 基于叶片参数化的数值优化

高负荷跨声速压气机流动中存在较强的激波,导致其内部流场十分复杂,存在强烈的三维效应。传统的改进设计方法为获得理想的优化结果必须进行反复的"改进-三维计算验证"迭代,大大加重设计人员的负担,而采用基于数据库的多目标数值优化方法,可以在很大程度上缓解该问题,解放设计人员。目前常用的优化方法为神经网络与遗传算法结合的方法,通过对参数化压气机中流场较差部分的几何进行扰动,从而择优。国内外众多学者已经做过相关方面研究,Ahn、Kim 采用响应面技术对 Rotor37 的叶片积叠规律进行优化,最终优化效率提升了约 0.7%;Oyama 采用遗传算法结合三维数值模拟对 Rotor67 叶片进行了优化;国内易伟林对 Rotor37 的弯掠规律进行优化,使其设计点效率提高 1.57%。此外,周进对某高马赫数单排风扇叶型进行优化,效率提高 0.9%。从广义上来看,任何叶片造型方法都可以认为是参数化的一种,只要能够合理地建立起设计参数同性能之间的映射关系即可。但是不同于常规叶片设计的是,参数化造型时希望能够以尽可能少的参数表达尽可能多的叶片,以期在后续的代理模型预测中减少计算迭代步数。同时期望尽可能少地因为参数的调整导致参数造型的叶片在工程上不可用。

中国航发动研所对基于参数化的复杂曲面成型与多目标优化技术进行了深入的研究和验证,已在多个型号项目的压气机中成功应用,并已成为研究所压气机设计的核心能力。该方法首先采用 Bezier 曲线对叶片各截面中弧线进行拟合,图 2-92 所示为本节转子叶片造型截面示意图,在子午面上一共使用了 11 个截面对原始叶片进行叶型数据分析,得到原始叶片各 S1 截面的中弧线。然后采用 8 点 Bezier 曲线去拟合原始叶片,并分析所得的中弧线,如图 2-93~图 2-95 所示。

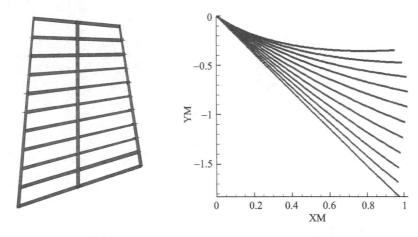

图 2-92　叶片造型截面及各截面中弧线示意图

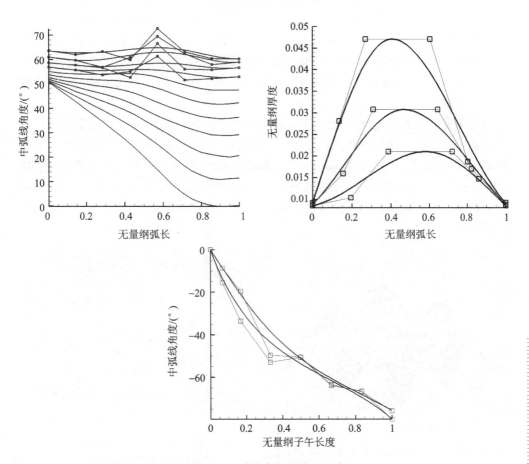

图 2-93　叶片参数化造型示意

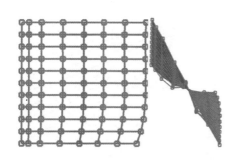

图 2 - 94　曲面成型

图 2 - 95　曲面成型所得叶片

2.7.2　映射关系建立

为建立几何参数同优化参数(一般为气动性能参数)之间的映射关系,首先建立叶片性能数据库。对 11 个截面的 8 个控制点中的 4 个进行扰动,扰动后的每一组参数都会对应一组几何叶片,调用网格模板及计算边界设置,采用 CFD 对每一组叶片进行全三维模拟,根据计算结果提取所需的优化参数,便可得到几何参数与性能参数的数据库。

为对数据库进行处理,本节选取了一个四峰值函数(见图 2 - 96),分别对克里金模型和三阶响应面模型的拟合精度进行了校验,校验结果如图 2 - 97 所示,发现在相同取样点时,克里金模型拟合偏差小于三阶响应面模型,并且采用克里金模型时取样40 点,平均每个参数对应 20 个抽样点时结果精度较高,工程上可用。图 2 - 98 所示为平均每个参数抽样 20 个点时的拟合结果,该结果基本反映了四峰值函数的特点。

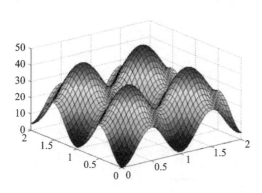

图 2 - 96　四峰值测试函数示意

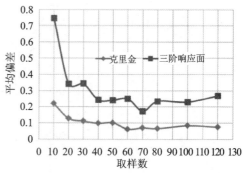

图 2 - 97　克里金模型三阶
响应面模型测试偏差示意

采用克里金代理模型对叶片几何参数与性能参数的数据库进行处理,建立映射关系。图 2 - 99 所示为其中某两个几何参数同设计点效率的关系图,从图中可知,当几何参数处于最优区间时,设计点效率会提高 0.5 个点左右。

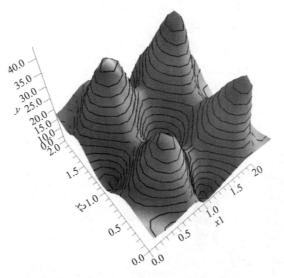

图 2 - 98 克里金模型四峰值测试函数拟合结果

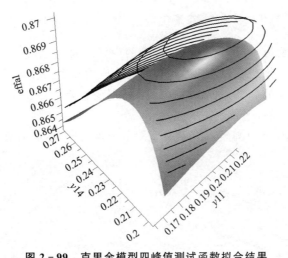

图 2 - 99 克里金模型四峰值测试函数拟合结果

2.7.3 NSGA II 多目标优化

采用 NSGA II 多目标优化算法对该压气机设计点和近喘点效率进行优化。该算法采用精英策略,即在产生下一代子代的过程中,将父代的优良个体同新生成的子代一同进行竞争,最终确定下一代种群。精英策略执行过程如图 2 - 100 所示,当种

群 P 经选择、交叉、变异生成大小为 N 的子代种群 Q 后,将种群 P 与 Q 合并成一个统一的种群 R,对大小为 $2N$ 的种群进行非支配排序并分层计算拥挤度,最终从种群 R 中确定性能较优的前 N 个个体形成新的种群。

图 2-101 所示为多目标优化 Pareto 解示意。图中每一个点均代表抽样点进行实际三维 CFD 计算后所得的性能点,菱形为原型特性点,方形为优化后所选取的特性点。从图中可知,原型的设计点和喘点效率均位于较低区域,优化后得到其 Pareto 前沿,最终根据工程实际所需(相比于设计点效率,该压气机更看重裕度),选取的解为近喘点效率增高最多的点,如图 2-101 所示。

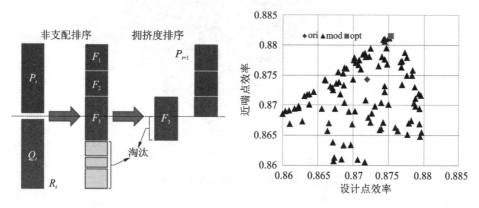

图 2-100　NSGAII 优化算法的精英策略　　图 2-101　多目标优化 Pareto 解示意

图 2-102 所示为多目标优化后与原型的中弧线对比,黑色为原型,灰色为优化所得。从图中可知,优化后的中弧线为典型的预压缩叶型:超声速气流流过叶型的叶背时,减小膨胀加速的趋势,这样可使激波波前马赫数降低,从而降低激波强度,减小激波损失与激波附面层干扰带来的损失。

图 2-103 和图 2-104 给出了优化前后的特性对比,菱形为原型,方块为优化所

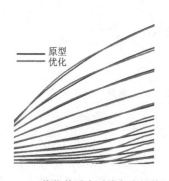

图 2-102　优化前后中弧线角度规律对比

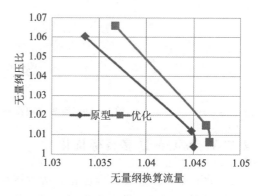

图 2-103　优化前后无量纲流量压比对比

得。从图中可知,优化后的压比、效率特性整个向上提升。其中设计点效率提升 0.3 个百分点,近喘点效率提高 0.6 个百分点。近喘点压比提高 0.7 个百分点。

图 2-105 所示为优化前后的 0.6 叶高相对马赫数云图对比,从图中可知,优化后波前马赫数峰值降低,第二道激波位置更加靠后,压气机的裕度会增加。

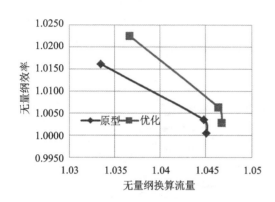

图 2-104　优化前后无量
纲流量效率对比

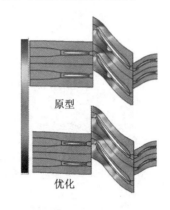

图 2-105　优化前后 0.6 叶高
相对马赫数云图对比

2.8　机器学习在压气机优化设计中的应用

机器学习在过去几十年得到了快速发展,其中深度学习、支持向量机等方法在图像识别、自动驾驶、语义理解、医学诊断、故障识别等行业得到了广泛应用,并取得了巨大的成功。机器学习是数据驱动的,用于对数据间的内部关系进行建模的方法,主要包含模型定义、模型评估以及模型训练等多个部分。国外已开展基于机器学习和深度学习的气动优化设计研究,并取得了较大进展,逐渐成为国内外研究的热点。开展机器学习和深度学习方法在压气机设计中的应用研究,改进传统设计方法,提升设计质量,缩短研发周期,对促进压气机设计进入智能化阶段有重要作用。

机器学习在压气机优化设计中最为典型的应用便是构建代理模型辅助优化设计(SAO),从大量已有的计算样本出发,基于多项式、神经网络、高斯过程回归等方法构建模型,从设计变量快速预测目标函数,以部分或完全取代 CFD 分析。将构建成功的代理模型与优化算法进行混合,代理模型归纳已计算群体提供初步的预评估,为优化算法建议演化方向。

德国宇航中心(DLR)的 Markus Schones 根据机器学习的方法配合 MISES 求解器进行了大量的数据训练,其叶型设计参数如图 2-106 所示,得到了 S1 叶型数据库,可以在压气机设计中根据通流进口条件推荐出适用于该工况的最优叶型。DLR

不同设计参数下的叶型示意图如图 2-107 所示，DLR 叶型数据库推荐叶型与原始叶型特性比较结果如图 2-108 所示。

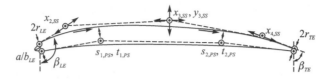

图 2-106　DLR 叶型的设计参数

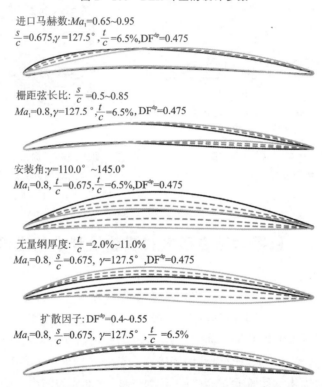

进口马赫数:Ma_1=0.65~0.95
$\frac{s}{c}$=0.675,γ=127.5°,$\frac{t}{c}$=6.5%,DF^{dp}=0.475

栅距弦长比: $\frac{s}{c}$=0.5~0.85
Ma_1=0.8,γ=127.5°,$\frac{t}{c}$=6.5%,DF^{dp}=0.475

安装角:γ=110.0°~145.0°
Ma_1=0.8,$\frac{t}{c}$=0.675,$\frac{t}{c}$=6.5%,DF^{dp}=0.475

无量纲厚度: $\frac{t}{c}$=2.0%~11.0%
Ma_1=0.8,$\frac{s}{c}$=0.675, γ=127.5°,DF^{dp}=0.475

扩散因子:DF^{dp}=0.4~0.55
Ma_1=0.8,$\frac{s}{c}$=0.675, γ=127.5°, $\frac{t}{c}$=6.5%

图 2-107　DLR 不同设计参数下的叶型示意图

中国航发动研所参考 DLR 工作也对叶型进行了统计，并以统计数据为基准对叶型参数进行扰动，初步构建了叶型数据库，采用 S1 程序对数据库中的叶型进行迎角损失特性计算，再结合代理模型及优化算法推荐出当前条件下的最优叶型，如图 2-109 所示。

Michael Joly 等人采用机器学习方法，改进了传统的优化算法，并在某跨声转子的多点优化中进行了应用，显著提升了该跨声转子的性能，其机器学习优化过程及预测收敛过程如图 2-110 所示，机器学习后的特性对比如图 2-111 所示。

中国航发动研所仿照以上方式也采用机器学习类方法对某压气机进行了优化设计。优化后压气机的效率提高 0.5 个百分点，如图 2-112 和图 2-113 所示，初步显示了基于机器学习的压气机设计方法的巨大潜力。

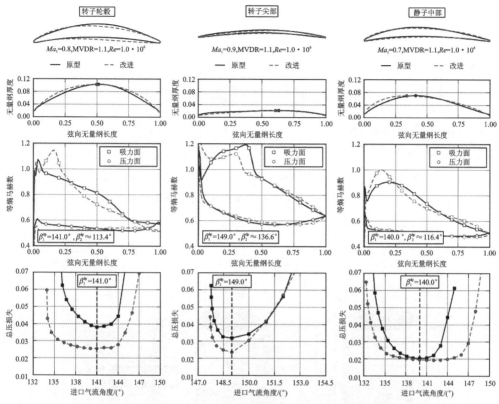

图 2 - 108　DLR 叶型数据库推荐叶型与原始叶型特性比较

　　未来如何借助计算机硬件的发展在压气机设计所关注的不同维度、不同学科自动、快速地获取大规模准确的压气机数据,是未来机器学习进一步在压气机设计中应用的基础。鉴于压气机各关键参数的相悖性,人为地综合判断压气机设计的好坏本就十分困难,完全依靠计算机在高低维度、不同学科内进行压气机的综合筛选更加困难。因此,如何在不同维度、综合各学科结果智能地判定压气机设计的优劣也是未来研究的重点方向。

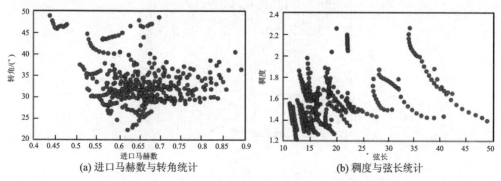

(a) 进口马赫数与转角统计　　　　　(b) 稠度与弦长统计

图 2 - 109　中国航发动研所叶型数据库的统计及叶型推荐

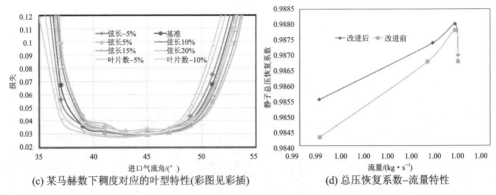

(c) 某马赫数下稠度对应的叶型特性(彩图见彩插)

(d) 总压恢复系数-流量特性

图 2 - 109 中国航发动研所叶型数据库的统计及叶型推荐(续)

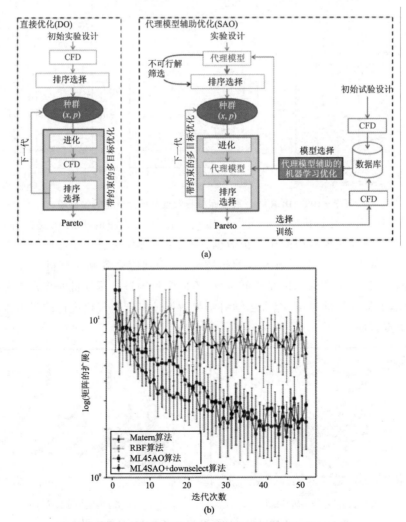

(b)

图 2 - 110 机器学习优化过程及预测收敛过程(彩图见彩插)

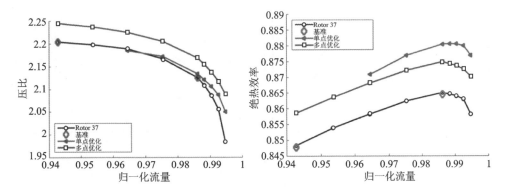

图 2 - 111　机器学习后的特性对比

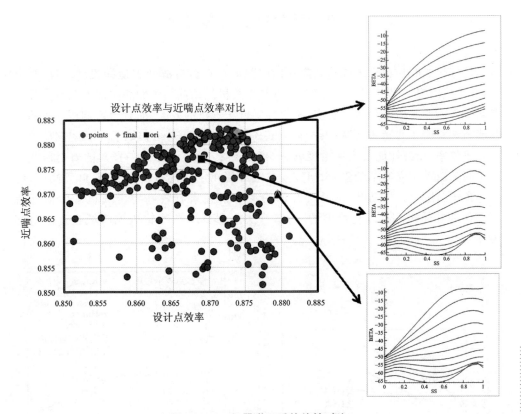

图 2 - 112　机器学习后的特性对比

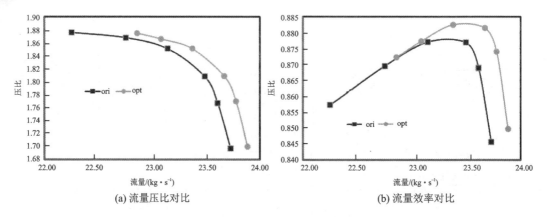

(a) 流量压比对比　　　　　　　　(b) 流量效率对比

图 2－113　机器学习后的特性对比

|2.9　叶片叶尖开槽技术|

压气机的叶片和机匣或轮毂间径向间隙的存在会造成叶尖泄漏流动。自 20 世纪 50 年代以来,叶尖间隙泄漏流动一直是压气机气动热力学领域关注的焦点。叶尖泄漏带来的泄漏损失和堵塞效应,不仅会降低压气机的效率,而且会影响压气机的压升能力和稳定工作范围。Wisler、Smith、Baghdadi 分别总结归纳了叶顶间隙尺寸对压气机效率、压升性能及失速裕度的影响(见图 2－114～图 2－116),随着对压气机叶尖间隙流动研究的不断深入,研究人员陆续提出了压气机机匣处理、叶顶喷气、叶尖等离子激励、弯/掠动叶、动叶尖几何修型等措施来有效调控压气机叶尖泄漏流动。作为叶轮机叶片几何修型的一种,叶尖小翼技术在叶轮机械领域也逐渐引起关注。

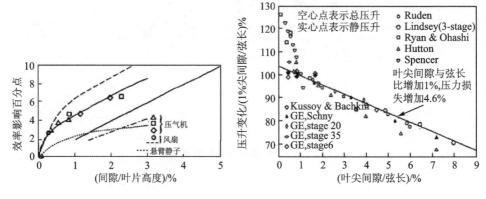

图 2－114　叶尖间隙对压气机效率的影响　　图 2－115　叶尖间隙对压气机压升性能的影响

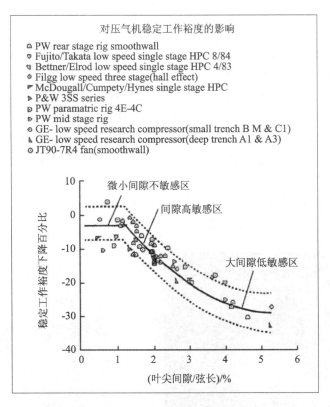

图 2-116　叶尖间隙对压气机失速裕度的影响

　　所谓叶尖开槽技术,是指在叶片靠近径向间隙处的叶尖处的吸力面或压力面或叶片两侧同时沿着弦向开浅槽,为保护叶片前尾缘的形状,浅槽通常不开到前尾缘位置,而只从近前缘到近尾缘处开槽,槽深通常为展高的 2.5% 左右,如图 2-117 所示。在压气机中,叶尖处压力面侧流体会通过叶顶间隙泄漏到吸力面侧,进而导致泄漏流与主流发生掺混,带来泄漏损失。叶尖开槽技术的主要特点是有效调控叶尖泄漏流动及其与端壁二次流的相互作用,进而影响压气机的气动性能。随着叶尖间隙的减小,转子发生刮磨的风险增加,尤其是在用于涡轮冷却的引气位置处,那些地方的机匣直径可能会发生改变,导致机匣圆度变化,进而发生叶片刮磨,造成严重后果。而采用叶尖开槽技术,再

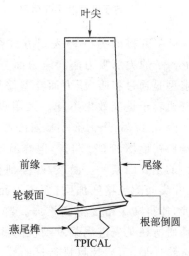

图 2-117　转子叶尖开槽示意图

配合机匣处的可刮磨涂层,就可以使转子运行在更小的间隙下而不必担心刮磨问题,进而可以提升压气机的性能。

叶尖开槽最早是应用于涡轮的叶片中,大量研究表明,涡轮转子叶片叶尖开槽可以明显改善涡轮级的效率和冷却效果。叶尖开槽在压气机的应用中,合理有效调控压气机叶尖泄漏流动是其中重要的一环。已有的研究表明,叶尖开槽技术可以通过控制压气机间隙泄漏涡/流有效调控压气机叶尖区复杂流场结构。由于叶尖开槽的作用效果受压气机叶型、间隙尺寸、转速大小及开槽自身几何形状和安装方式的影响,未来应进一步开展叶尖开槽的几何优化工作,并建立其设计准则,确定其应用条件。此外,叶尖开槽技术也可以结合机匣凹槽、机匣处理和叶顶喷气等技术使用,以期取得控制压气机叶尖泄漏流动的最佳效果。图 2-118 和图 2-119 所示为叶尖开槽在 CFM56 和 LEAP 高压压气机中的工程应用结果。

图 2-118　CFM56 高压压气机
转子叶片叶尖开槽图

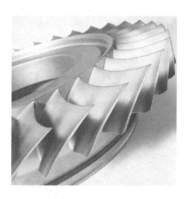

图 2-119　LEAP 高压压气机
转子叶片叶尖开槽图

叶尖开槽的另一种表现方式是叶尖小翼(winglet),Han 在跨声转子 NASA Rotor 37 的尖部吸力面和压力面分别应用如图 2-120 所示的叶尖小翼。叶尖小翼造型是通过将吸/压力面叶型偏移实现的。Han 的研究表明,吸力面小翼对提高压气机转子性能效果不佳。采用吸力面小翼以后,喘振裕度降低 9.29%,峰值效率下降 0.47%;压力面小翼对提高压气机转子性能效果明显,压力面小翼可以使得喘振裕度增加 33.74%,但峰值效率下降了 0.27%。Han 同时给出了转子叶尖失稳的主要因素——激波/叶尖泄漏涡干涉,吸力面小翼使得激波泄漏涡干涉加剧,叶尖间隙流堵塞加剧;而压力面小翼减弱了叶尖泄漏涡,进而减弱激波泄漏涡干涉,使得喘振裕度得到扩展。鉴于该技术简单、易于实施,且收益明显,中国航发动研所在某先进涡桨发动机的低压压气机转子中已经应用该技术,目前正在开展试验件加工,后续将进行试验验证,预期将会获得一定程度的效率和失速裕度的提升。

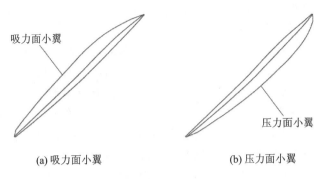

吸力面小翼

压力面小翼

(a) 吸力面小翼　　　　　　　　　　　(b) 压力面小翼

图 2-120　转子叶尖小翼设计示意图

| 2.10　轮毂刀纹设计技术 |

　　轴流整体叶盘与离心叶轮中常见的"刀纹设计"如图 2-121 所示,原以为是一种很神秘的"黑科技",其实纯粹是为了节省工时,通过球头铣刀铣削加工,在轮毂上留下凹槽,其尺寸随着刀头的宽度和走刀的路径而变化。已有很多论文对其进行了研究,其关键点是通过"精心"的设计,这些刀纹可以略微增加近设计点的效率,因为在近设计点的气流大体上和刀纹对齐。在非设计点,凹槽对显著横向流动的影响尚不清晰,但是在机匣处理中有采用类似的结构来控制失速。这种刀纹设计在普·惠公司的小发动机中尤其常见,几乎成了标配。刀纹的关键尺寸是其峰值高度,其尺度若与边界层的黏性底层厚度相当,则会产生较好的效果,峰值高度应根据 CFD 分析结果优化选取,通常取为 0.2~0.6 mm。刀纹对性能产生的好处是很有限的,但若尺寸给定不当,则会产生严重后果。转子叶片盘轮毂刀纹设计已经成为中国航发动研

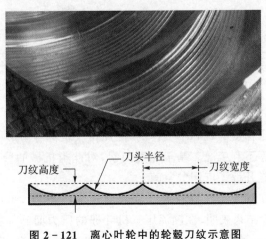

刀纹高度　　　　　刀头半径　　　　刀纹宽度

图 2-121　离心叶轮中的轮毂刀纹示意图

所压气机轴流和离心叶轮的常用设计手段,为弄清其内部流动机理,动研所与北京理工大学等高校开展了联合研究。

众多学者利用热线风速仪、流场可视化等手段对肋/沟槽等几何开展了丰富的实验研究工作。早在 1978 年,NASA Langley 实验室的 Walsh 等人就开展了一系列的研究工作,他们发现肋高度/宽度比值对流动减阻具有重要影响。Dubief 等人对固壁表面及肋表面的速度梯度进行了详细测量,他们发现肋的均方根展向涡量可以减小。Tani、Sawyer 等人也开展了类似的实验研究工作。Bechert 等人通过实验给出了较为丰富的均方根和当地速度型以及湍流统计数据,如图 2 – 122 所示。Lee 给出了较为清晰的沟槽几何对流动改善的实验图像,如图 2 – 123 所示。

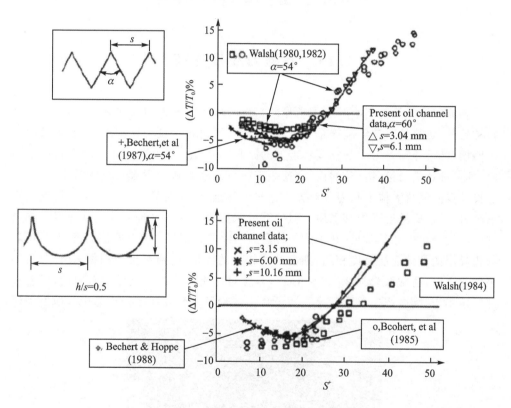

图 2 – 122　Bechert 的实验结果

压气机是在逆压梯度的状态下工作的,因此压气机更容易形成流动分离现象,造成旋转失速及喘振等不利工况。基于此类因素,对此类机械的壁面进行不平滑的沟槽处理对提高其性能开辟了广阔的空间。

Oehlert 发现,在轴流压气机叶栅叶片表面施加 V 形肋,可以降低总压损失约 3.6%。Fang 的实验结果表明,在轴流压气机叶栅的压力面施加肋可获得 10% 的减阻,并且对来流迎角不敏感,不过其来流速度仅为 20 m/s,与真实的叶轮机械应用相

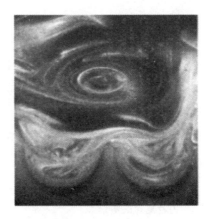

图 2 - 123　沟槽结构内流动细节实验

差较远。Matthias Boese 则基于 Naca - 65 - K48 叶形,研究了壁面起伏条纹在不同雷诺数下对流动情况的影响,他们在压气机叶栅上设置 0.076 2 mm、0.114 3 mm 和 0.152 4 mm 三种不同深度的 V 形和梯形槽,并进行风洞实验,在 $Re = 1.5 \times 10^5 \sim 10 \times 10^5$ 时得到最大 $6\% \sim 8\%$ 的损失系数减小量。Oehlert 等人使用激光技术在叶片表面生成肋结构,可以降低损失约 8%。DLR 的 H. Alexander 针对 NACA K48 叶形开展了深入细致的研究工作,采用滚铣(rolling)和涂层两种方法施加了表面肋结构,并开展了不同湍流强度和迎角下的性能实验研究,发现其在各工况下并未能降低阻力损失。这与 Busha 的直矩形管道施加叶片式肋的研究结论相一致。M. Govardhan 在压气机平面叶栅上设置不同高度的肋条进行墨迹吹风实验,对实验现象和探测的实验数据进行分析发现:无肋结构的叶栅在吸力面端壁存在大量由马蹄涡所产生的低能流体,随着肋结构的高度增加,吸力侧所汇集的低能流体越来越少。Lei 实验研究了端壁具有不同高度肋的离心叶轮,发现其可降低壁面剪切应力。M. A. Khade 通过数值方法研究了向心涡轮的加工刀纹影响,发现其可减弱低能流体的横向运动,使得其更易于沿着流向流动,减弱边界层的动量传递,减弱壁面剪切应力。刀纹间的宽度不是性能的主要影响因素,刀纹的高度对其减阻效果影响最为显著。

中国航发动研所与北京理工大学季路成教授团队合作,采用数值模拟方法研究了某离心叶轮加工刀纹关键设计参数(见图 2 - 124),带端区沟槽实体如图 2 - 125 所示,研究结果表明:适当的宽度和深度搭配可提升近失速一侧绝热效率并提高压比。综合分析近失速点和峰值效率点下的效率、压比,相对宽度取 1.5%,相对深度取 5%,方案性能最优,对应的宽度和深度分别为 2.7 mm 和 0.75 mm,该方案可以使得近失速工况效率提升 0.3%,压比提升 2%(见图 2 - 126),而峰值效率点略有降低,压比基本不变。沟槽具有一定的控制横向二次流能力,减弱了其在叶片吸力面的堆积和径向迁移(见图 2 - 127)。

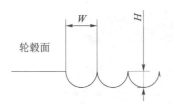

图 2 - 124　刀纹尺寸示图

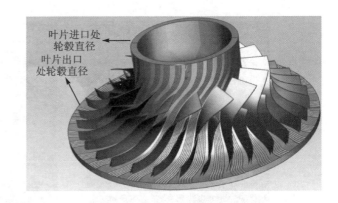

图 2 - 125　带端区沟槽的实体

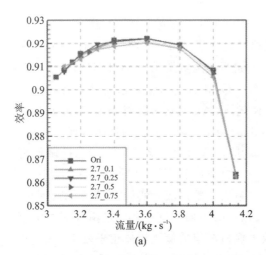

(a)

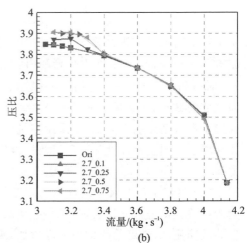

(b)

图 2 - 126　压气机特性线对比

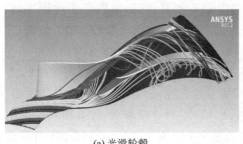

(a) 光滑轮毂

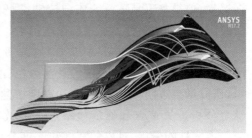

(b) 加工刀纹轮毂

图 2 - 127　三维流线对比

| 2.11　叶身融合技术 |

叶轮机内更广泛地存在相交固壁流动现象,形成复杂得多的角区流动。实际上,沿流程,叶片与端壁会形成如图 2-128(a)所示的四个两-两固壁相交角区(轴向视图);而在叶片前缘处,如图 2-128(b)所示,一个 180°的二面角迅速演化为端壁与叶片两边两个几乎互补的二面角。这些角区流动引起的性能恶化占据了叶轮机气动问题的主要部分。

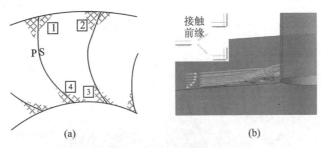

图 2-128　叶轮机内主要角区类型

针对这一问题,北京理工大学的季路成认为角区流动是叶表与端壁附面层交汇流动,并提出以二面角视角控制角区流动的原则,即增大二面角和减小二面角流向变化梯度的绝对值,其包含三种应用方式:① 增大二面角角度,如图 2-129 所示;② 增大过渡曲线(面)的最小曲率半径,如图 2-130 所示;③ 降低二面角流向变化梯度,

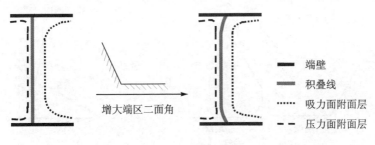

图 2-129　增大二面角角度方式

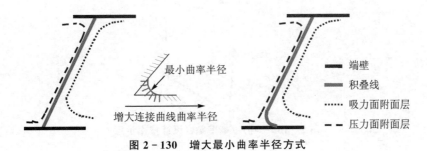

图 2-130　增大最小曲率半径方式

如图 2-131 所示。2011 年,基于上述二面角原理,借鉴外流翼身融合及综合叶轮机非轴对称端壁技术,季路成提出了叶轮机叶身/端壁融合(BBEW)技术,如图 2-132 所示。

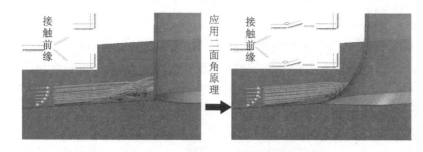

图 2-131 控制二面角流向梯度方式

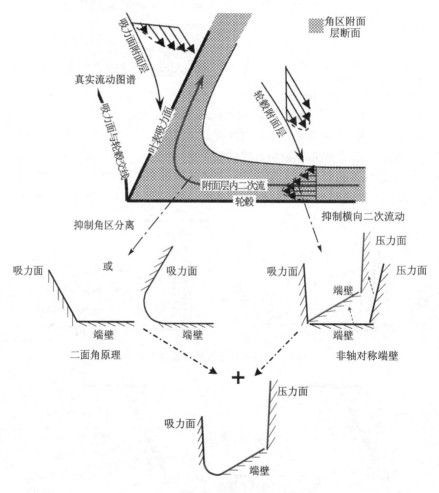

图 2-132 叶片/端壁融合设计技术示意

从内涵上看,叶身/端壁融合技术包含二面角原理的三种应用方式,针对第一种方式,主要依靠调整叶片积叠轴,使叶片吸力面与端壁尽可能成钝角相交;如果受外在条件限制而使得第一种方式不可为时,则采用第二种方式,用光滑曲线(面)过渡连接叶表(尤其吸力面)和端壁;针对前缘与端壁交汇处,则采用第三种方式,对叶片前缘采取前伸光滑曲面方式,使二面角随流梯度由无穷大减为有限小值。以 NASA Rotor67转子为例,实施 BBEW 技术后基本消除了吸力面角区分离,增加了气流折转,减小了尾迹宽度,提升了叶片性能,如图 2-133 所示,后续数值研究结果也验证了该技术的有效性。

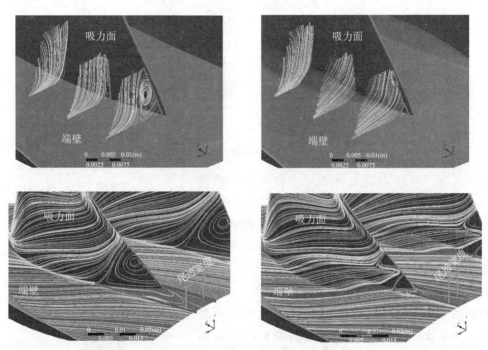

图 2-133　尾缘近轮毂处的极限流线

| 2.12　机匣处理技术 |

面对现代高负荷压气机设计中所面临的稳定工作裕度不足的问题,机匣处理已成为当今世界上用于扩大压气机稳定工作范围的重要手段之一。机匣处理以结构简单,扩稳效果显著而广泛应用于实际发动机中,如 V-2500、CFM-56、F-16、苏-27飞机发动机及国内的涡喷-7 甲发动机、涡喷-13、涡喷-14 发动机等,其压气机均采用了不同类型的机匣处理结构。

在机匣处理的研究方面,国内外已经进行了大量的研究工作,并取得了相当的进展。研究者发现,如果压气机是在叶尖首先发生失速,采用机匣处理将能起到推迟失速的效果。过去四十多年中,槽式、缝式等机匣处理结构(见图 2-134)已被设计出来。与此同时,国内外学者也对各种机匣处理形式进行了大量的试验与数值研究。

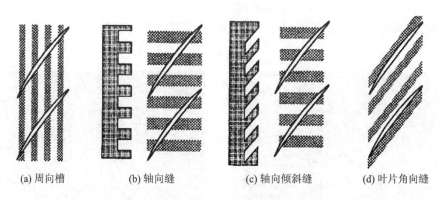

| (a) 周向槽 | (b) 轴向缝 | (c) 轴向倾斜缝 | (d) 叶片角向缝 |

图 2-134 四种典型的机匣处理结构图

文献[104]~[107]中研究了一种名为"凹槽导流叶片式"的机匣处理结构,如图 2-135 所示,其主要结构特点为:在机匣上开周向槽,在槽内装有一定数量的导流叶片,通过引导叶尖部位堵塞气流返回进口流场,以达到改善叶片端部流场的目的。只有选择适当的轴向叠合量才既能获得次于缝式机匣处理的失速裕度改进,又使峰值效率略微提高。由于此类机匣处理的几何结构较为复杂,故其工程应用前景有一定的局限性。

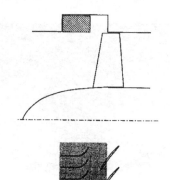

图 2-135 机匣结构简图

文献[108]~[111]公布了关于斜沟槽式机匣处理的研究成果,把矩形机匣处理后部的向前凸台演化成平滑的斜面,如图 2-136 所示,使槽内的气流可以被平稳地引导到主流区中,避免了过大的流动损失。实验表明在合适的尺寸配置下,这种机匣处理以略微降低失速裕度的代价来提高压气机效率。

周向槽机匣处理具有结构简单、易于加工的特点,国内外大量的实验研究已证实采用周向槽机匣处理能够有效地提高压气机的失速裕度,机匣处理结构如图 2-137 所示,周向槽可以基本不降低压气机的原有效率而获得一定(一般在 10% 以内)的失速裕度改进量。

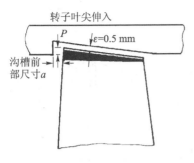

图 2 – 136　斜沟槽式机匣处理结构简图

图 2 – 137　带处理机匣的转子示意图

Muller 等人通过试验与数值研究了四种周向槽机匣处理结构对单级跨声风扇（级设计压比为 1.5）气动性能的影响，研究表明，在 4 个转速下处理槽的深度及机匣处理覆盖的轴向面积对其扩稳效果有很大的影响，在设计转速下，小槽深的机匣处理使峰值效率提高 1% 左右。

缝类机匣处理，其一般结构特点是缝的长度比缝的宽度大得多，开缝面积占表面积的 2/3，缝宽和叶尖部基元叶片的最大厚度相当，缝与径向呈一定角度或沿径向方向，图 2 – 138 所示为中国航发动研所在某高负荷轴流离心组合压气机第一级转子叶尖处设置的机匣处理结构。针对缝式机匣处理而言，国内外大量的试验研究及数值表明，在亚声速/跨声速压气机上，缝式机匣处理均能够获得 20% 左右的失速裕度改进量，但也伴随着较大的效率损失。

根据中国航发动研所某高负荷轴流离心组合压气机轴流级的机匣处理试验件试验结果，该机匣处理实物如图 2 – 139 所示，缝式机匣处理与实壁机匣相比，带机匣处理试验件在峰值效率并未降低的情况下（见图 2 – 140），失速裕度得到较大提高，达到 6%～12% 以上，失速裕度的增加来自两方面，一是近失速点压比的提高，二是流量裕度的增加。

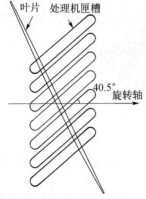

图 2 – 138　中国航发动研所
缝式机匣处理结构简图

图 2 – 139　机匣处理实物

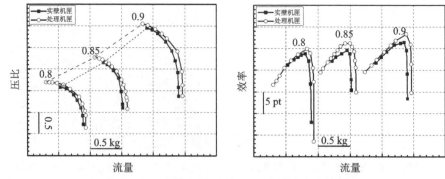

图 2-140 流量-压比特性(左)、流量效率特性(右)

　　对中国航发动研所某轴流离心组合压气机缝/槽机匣处理数值分析对比,可以明显看到处理机匣技术的引入,有效地解除了转子叶顶通道堵塞状况,进而显著地提高了叶顶通道的流通能力。其中缝式机匣处理是利用缝内的压差产生回流,从而对低能流体进行抽吸或吹除,抑制间隙泄漏涡发展;而槽式机匣处理是通过槽道流体的输运作用减弱了吸/压力面的压差,从而抑制间隙流,如图 2-141 所示。

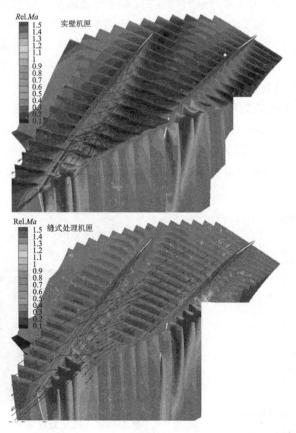

图 2-141 轴流离心组合压气机缝/槽机匣处理对比

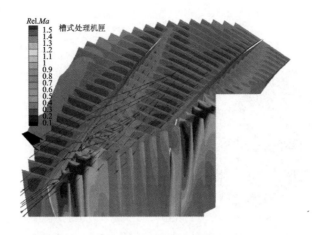

图 2-141　轴流离心组合压气机缝/槽机匣处理对比(续)

　　另一种机匣处理方式是自循环机匣处理,其原理图如图 2-142 所示,离心压气机自循环机匣处理的雏形最早见于 Fisher 在 1988 年的一次实验,它能够在不降低甚至略微增加绝热效率的同时拓宽其稳定工作范围。

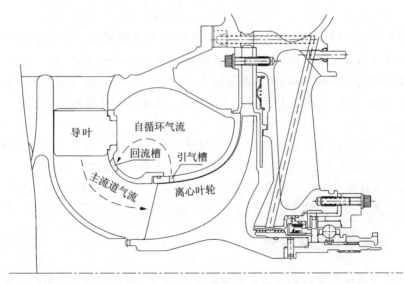

图 2-142　自循环机匣处理原理图

　　在级环境下模拟三种机匣结构的离心叶轮:光滑壁面机匣(即常规的机匣结构)用 SW 表示;自循环机匣处理结构形式用 RC 表示;自循环机匣处理上游槽封闭的机匣结构形式用 US 表示。图 2-143 给出了近失速点离心叶轮 90％叶高马赫数云图,RC 方案由于叶轮通道内部气流通过抽吸槽上游回流进主流区,延缓了叶轮进口迎角的变化和激波的推进。中国航发动研所某核心机引气型 APU,常规设计压气机的流量裕度和失速裕度难以满足设计指标需求,采用自循环机匣处理扩稳,预期流量裕

度增加 5%～7%。

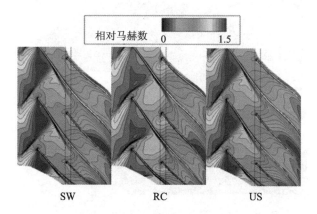

SW   RC   US

图 2－143　近失速点离心叶轮 90%叶高马赫数云图

| 2.13　组合压气机数值仿真技术 |

　　叶轮机械内部的流动是非常复杂的三元流动,在多数情况下包含层流、转捩流动和湍流。流体可能是亚声速流动,也可能是跨声速或超声速流动;流体可以是单相,也可以是多相的(气固、气液、液固两相流或气固液三相流)。由于受叶轮旋转和表面曲率的影响,还伴有分离流、回流及二次流现象,从而使得叶轮内流体的流动变得极为复杂。

　　离心压气机内部流动复杂性比轴流压气机更高,不但离心叶轮与扩压器内部流动的三维性更强,而且离心叶轮与径向扩压器的相互作用非常强烈。近 20 年来,由于计算数学及电子计算机的高速发展,计算流体力学(CFD)发展很快,它在流体机械内部流动数值仿真方面的应用日趋增多,进行叶轮机械内部三元流动的计算已成为可能。

2.13.1　定常数值仿真技术

　　随着计算流体力学(CFD)技术的不断发展、成熟,数值仿真技术被广泛地运用于叶轮机的气动设计、性能分析之中。对于组合压气机的定常流场求解,能否较好地反映上下游叶片排之间的相互干扰主要取决于湍流模型和叶排交界面处所采用的参数传递模型,下面对此进行分别介绍。

1. 湍流模型

　　当前计算流体力学采用的湍流流动模型很多,但大致可以归纳为以下三类:

　　第一类是湍流输运系数模型,是 Boussinesq 于 1877 年针对二维流动提出的,将速度脉动的二阶关联量表示成平均速度梯度与湍流黏性系数的乘积。根据建立模型所需要的微分方程的数目,可以分为零方程模型(代数方程模型)、单方程模型和双方程模型。

第二类是抛弃了湍流输运系数的概念,直接建立湍流应力和其他二阶关联量的输运方程。

第三类是大涡模拟。前两类是以湍流的统计结构为基础,对所有涡旋进行统计平均。大涡模拟把湍流分成大尺度湍流和小尺度湍流,通过求解三维经过修正的 Navier - Stokes 方程,得到大涡旋的运动特性,而对小涡旋运动还采用上述的模型。

实际求解中,选用什么模型要根据具体问题的特点来决定。选择的一般原则是精度要高,应用简单,节省计算时间,同时也具有通用性。

2. 交界面处理技术

对于传统压气机的定常流场求解,能否较好地反映上下游叶片排之间的相互干扰主要取决于叶排交界面处所采用的参数传递模型,其中以 Denton、Dawes 等人所发展的混合界面(Mixing Plane)法最为常用。基于"掺混面"方法的单通道定常流动模型已成为叶轮机气动分析、设计的主要工具。"掺混面"方法最先由 Denton 提出,其核心思想如下:先在各自的相对坐标系下计算转子和静子叶片排内的流场,再将周向平均后的流场变量(满足总的流量、动量、能量守恒)在转子、静子的网格交界面处传递。虽然该方法在叶轮机气动性能的预估中取得了巨大的成功,但是其缺乏严格的物理基础。对于中小型组合压气机而言,当转静子之间的轴向间距较短时,采用"掺混面"方法计算可能带来较大的误差。

以商用软件 NUMECA 的数值计算模块 Fine^{TM}/Turbo 为例,其提供了五种定常界面方法,分别为当地守恒法(Local Conservative Coupling)、周向守恒法(Conservative Coupling by Pitchwise Rows)、完全非匹配混合界面法(Full Non Matching Mixing Plane)、一维无反射边界条件(Non Reflecting 1D)以及冻结转子法(Full Non Matching Frozen Rotor);前三种同属于混合界面模型,仅在"混合过程"(mixing process)的参数传递上有所区别。

2.13.2　非定常数值仿真技术

叶轮机内部的流动本质上是非定常的,它主要包含湍流的非定常脉动以及转子、静子的相对运动引起的确定性非定常效应。在叶轮机中,湍流的非定常脉动的时间尺度较转静干涉引起的非定常脉动的时间尺度存在数量级上的差异,其对流场的影响一般以雷诺应力的形式包含在 RANS 方程组中;对于转子、静子的相对运动引起的确定性非定常效应,则需要采用 URANS 的计算方法来捕捉。如表 2 - 7 所列,叶轮机内的非定常效应除转静干涉外,还有涡脱落、旋转失速等,按照其非定常频率的不同,可分为确定性(与转速相关)与随机性两类。这些非定常效应会影响叶轮机的气动效率、稳定工作范围,引起叶片的高周疲劳和蠕变破坏以及噪声的产生。

表 2-7　叶轮机中主要的非定常流动现象

类　别	确定性非定常	随机性非定常
气动	尾迹/叶片相互作用 激波/叶片相互作用 "Clocking"效应	涡脱落 激波振荡 旋转失速
气动弹性	强迫响应	颤振

目前,叶轮机内部的非定常流动研究已经成为国内外研究的热点。首先,基于定常设计体系设计的叶轮机的性能已经很好,很难再在定常设计的框架内获得性能的进一步提升。而且现有的研究表明,叶轮机内部的非定常流动现象会对其性能产生一定的影响,研究者希望利用非定常效应来进一步提高叶轮机的性能或者降低其对于性能的不利影响。当然,在对叶轮机内部非定常流动的研究中,试验研究必不可少,而且也是最为可信的。但试验受制于试验台、试验设备等硬件设施,花费大。CFD技术的发展以及大规模并行计算的出现,使得对叶轮机的非定常计算研究成为可能。非定常的数值仿真可以给出全部的流场信息,花费较实验少,而且更加容易实现,已成为叶轮机内部非定常流动研究的一种重要方法和工具。目前常用的非定常数值仿真计算方法如表 2-8 所列,下面简要叙述各种非定常数值仿真计算方法的优缺点。

表 2-8　常用的非定常数值仿真计算方法

计算方法	提出者	年　份
双时间步方法	Jameson	1991
叶片数模化	Rai	1989
确定性应力	Adamczyk	1985
直接存储相延迟法	Erdos,et al	1977
时间倾斜相延迟法	Giles	1988
形修正相延迟法	He	1990
时间线化方法	Verdon, Caspar	1984
非线性谐波法	He, Ning	2000
非线性频域法	McMullen, Jameson	2001
谐波平衡法	Hall, et al	2002
时间谱方法	Gopinath, Jameson	2005

非定常数值仿真计算中,目前最常用的是由 Jameson 提出的双时间步方法,它在方程中添加虚拟时间导数项,计算时先在虚拟时间步内推进求解,当非定常方程的残差下降几个量级后,再在物理时间步内推进。双时间步方法使得物理时间精度得到了充分保证,而且物理时间步长可以根据具体的非定常流动来选取,而不存在计算稳定性问题,极大地节约了计算资源。同时,这种方法也使得算法从定常计算推广到非定常计算更直接简单。

叶片数模化方法由于其实现简单,不需要修改已有的非定常计算程序,同时减少了计算规模、加快了计算速度,故在转静干涉等非定常计算中得到了广泛的应用。模化后的叶片数的比值越接近于原始叶片数的比值,其计算误差越小,当模化后的叶片数之比偏离原始值太大时,其计算结果会有严重的误差。

　　Adamczyk 通过三个平均算子的引入,建立了描述叶轮机内确定性非定常流动的通道平均方程。通过三个平均算子(系综平均、时间平均、通道平均)的引入,把湍流随机脉动引起的雷诺应力、确定性的非定常脉动引起的确定性应力、叶片排"Clocking 效应"引起的通道非均匀脉动应力,通过对应的相关项考虑在最终的通道平均方程中。要在实际中运用这套方程,就需要对这些平均引起的应力项建模,通常雷诺应力由湍流模型给出,建模主要集中在后两种平均引起的应力,而这些模型的复杂程度、精度、计算速度决定了其在工程上的应用前景。

　　对于相延迟方法,采用直接存储时,往往需要存储周期性边界上整周的信息,其存储量很大,而且存储量越大,收敛速度就会越慢。Giles 提出时间倾斜方法,他将欧拉方程进行了时间变换,使得可以在相位延迟边界上应用简单的周期性边界条件。

　　为了减少直接存储方法对内存的需求,He 提出了基于傅立叶级数的形修正相延迟的单通道计算方法,其具体思路为:将叶片通道的上下相位延迟边界上的流场变量用傅立叶级数表示,在实际计算中只需要存储相延迟边界上的傅立叶系数的值,然后在时间推进过程中,根据当前流场和存储的上一个周期的傅立叶系数的值来更新流场变量,每隔一个周期更新一次傅立叶系数。该方法已经用于振荡叶栅、跨声风扇进气畸变、叶轮机转静干涉等的非定常计算中。虽然采用相位延迟的单通道计算方法不能捕捉"Clocking 效应",计算精度低于直接的非定常计算,但是其对于计算资源的需求大大减少,计算速度得到显著提高,抓住了主要的物理本质,能捕捉相邻叶片排的影响。综合考虑到计算时间、费用和计算结果的精度,该方法在转静干涉的非定常计算中(尤其是级数较少时)还是很有应用前景的。

　　时间线化方法即小扰动方法,该方法已经发展到计算叶轮机中的二维、三维无黏、黏性流动,用于颤振和转静干涉的计算中。

　　为了克服小扰动方法在强非线性作用时的缺陷,He 提出了非线性谐波法,即将一个非定常流场变量分解为时均量和脉动量,然后分别得到时均方程和脉动方程。其物理概念清晰,可以看成是 Adamczyk 确定性应力的一种建模方法,已经成功地应用于计算振荡叶栅、单级压气机的转静干涉,考虑多级压气机的"Clocking 效应"等。与时域的非定常计算相比,大大节省了计算时间。目前,CFD 商用软件 NUMECA已经将其纳入其分析软件之中。

　　谐波平衡方法的优势在于其求解的是时域内的方程,对已有的 RANS 计算程序改动量小;再者对湍流模型的处理方式可以和主流的控制方程的处理方式一致。而且如果在方程中考虑所有相关的模态,那么该方法可以考虑控制方程的所有非线性。但是实际上往往只需要少量阶数的模态就可以捕捉到起主要作用的扰动,同时可以

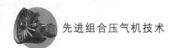

减少计算量。由于上述的优点,谐波平衡方法得到许多研究者的应用,用于外流、内流的非定常计算中。

2.13.3 数值仿真软件校验

1. 商用数值仿真软件校验

随计算流体力学(CFD)和计算机硬件发展,CFD 技术已成为航空发动机设计环节中非常重要的组成部分,针对压气机采用三维黏性数值方法进行性能预测和流场分析是校验设计和优化改进的重要手段。

然而,压气机的 CFD 计算精度不但与网格、湍流模型、差分格式和边界条件等数值计算因素均有关系,同时也因压气机负荷、尺寸等参数不同而有所区别。轴流离心组合压气机是涡轴发动机压缩系统常用的结构形式,目前基于混合平面(Mixing Plane)转静子交界面方法的单通道定常 CFD 计算是组合压气机气动设计、分析的主要方法。本节以三个不同压比压气机为研究对象,采用业内广泛认可的 NUMECA 公司 FINE™/Turbo 商业 CFD 软件,基于雷诺平均 N-S 方程的有限体积法求解三维黏性流场,开展针对轴流离心组合压气机的数值仿真应用技术研究。

本节的研究对象均为带进口可调导叶的 3 级轴流+1 级离心的组合压气机,离心压气机均为主叶片带分流叶片形式。根据压比由低至高,依次命名为 Model-1、Model-2、Model-3,以 Model-3 为标准。

为针对压气机进行网格无关性研究,各压气机均建立了 4 套不同疏密程度的网格模型(分别为稀疏网格、中等网格、细网格和精细网格,以字母 A、B、C、D 表示),并基于统一的湍流模型和离散方法进行数值计算。

为了保证不同压气机的计算具有可比性,3 个压气机网格均采用相同的叶片展向和径向间隙内网格数,并保证不同压气机对应同一疏密程度的网格模型具有基本相同的网格分布,表 2-9 所列为网格数设置。

表 2-9　不同疏密程度模型主要网格数设置

网格模型		稀疏(A)	中等(B)	细(C)	精细(D)
径向	叶片	25	33	41	49
	间隙	9	13	17	21
第一级转子	周向	29	29	33	33
	流向	81	101	105	113
离心主叶片	周向	25	25	33	33
	流向	117	133	157	169

各压气机 4 套不同数量的网格模型加密时,尽量保持各方向均匀,以保证各叶片

排和压气机总网格数量的增加幅度基本一致,且必须满足以下相同设置要求:

① 相同的近壁面第一层网格尺度;

② 相同的叶片排均采用相同的网格拓扑结构;

③ 相同的叶片根、尖间隙尺寸;

④ 相同网格质量要求:无负网格,最小网格正交性大于 10°,最大网格长宽比小于 1 000,最大网格延展比小于 5。

各压气机模型的不同数量网格模型统计如表 2-10 所列,网格总数基本以第一套稀疏网格模型的倍数量级进行增加。由于三种压气机的径向扩压器结构存在差别,相应网格数量有所不同,导致 Model-1 离心级网格相比其他压气机增加,总数存在一定差别。图 2-144 所示为 Model-2 压气机 4 种网格模型第一级转子中间叶高位置的网格分布。通过对比,可以直观地看出 4 种网格在网格密度以及分布上的区别。

表 2-10　各压气机网格数

万

网格模型		稀疏(A)	中等(B)	细(C)	精细(D)
轴流级	Model-1	72.0	139.4	211.1	283.2
	Model-2	70.5	139.4	211.1	283.2
	Model-3	70.5	141.1	211.1	283.2
离心级	Model-1	72.4	137.7	219.7	294.2
	Model-2	51.8	97.2	158.7	213.0
	Model-3	53.2	102.7	152.6	210.9
总计	Model-1	144.4	277.1	430.8	577.4
	Model-2	122.4	236.6	369.8	496.2
	Model-3	123.7	243.8	363.7	494.1

各网格模型统一的设置和边界条件包括:

① 计算工质采用实际气体;

② 湍流模型选择 Spalart-Allmaras(S-A)模型,空间离散选择中心差分格式;

③ 进口给定标准大气条件和轴向进气,出口给定平均静压;

④ 根据压气机实际结构,对转子叶片和轮毂给定相应转速,静子轮毂壁面给定相应转速,其余为静止壁面;

⑤ 壁面给定绝热无滑移边界;

⑥ 除 Model-1 压气机的两排径向扩压器之间采用转子冻结法之外,各叶片排间转静交界面均采用基于混合平面法的周向平均守恒方法(Conservative Coupling by Pitchwise Row);

⑦ 近喘点时,压气机出口静压按统一的步长逐步增加,进行喘点捕捉。

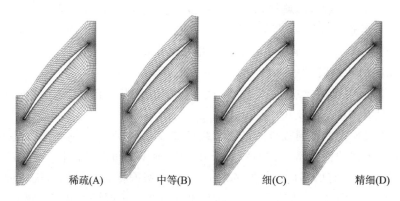

稀疏(A)　　　　　中等(B)　　　　　细(C)　　　　　精细(D)

图 2-144　不同疏密网格分布示意图

对于压气机内部逆压力梯度的三维黏性流动数值仿真,决定边界层内流动特征仿真精度的最主要因素就是边界层内的网格数目和壁面网格的无量纲网格尺度 $y+$ 值。通过分析各压气机的 4 套网格模型在近设计点的计算结果,由于在建立网格模型时保证了较小的第一层网格尺度,4 套网格的 $y+$ 值在大部分壁面位置均保持在 S-A 湍流模型的要求范围以内,即 $y+<10$。在离心级的叶轮和径向扩压器计算域内,各压气机模型均出现了 $y+$ 值偏大的现象。根据 $y+$ 值定义,出现较高 $y+$ 值的现象应与网格和流场均有一定关系。总体来看,4 套网格模型基本满足湍流模型对 $y+$ 值的要求。

(1) 压气机特性线分析

三个不同压比的压气机特性线如图 2-145 所示。可以看出随着网格数增加,各组合压气机性能均有所变化,并且不同压比负荷的压气机随网格密度变化的规律有所不同。

① 压气机 Model-1。

对于低负荷压气机 Model-1 来说,稀疏网格的计算结果与其他有明显差别。第二套中等网格与粗网格相比,堵点流量增加 0.15%,设计点效率增加 1.18 个百分点,喘振裕度减小 3.5 个百分点。第三套细网格相对于第二套细网格,堵点流量没有变化,近设计压比点效率和喘振裕度分别只变化了 -0.12 个百分点和 0.58 个百分点。第四套精细网格相对于第三套细网格,堵点流量增加了 0.04%,近设计压比点效率和喘振裕度分别只变化了 0.24 个百分点和 0.63 个百分点。可以看出,对于该压气机来说,中等网格模型在进行三维数值仿真时可以满足网格无关性要求。

② 压气机 Model-2。

与低压比压气机不同的是,压气机 Model-2 的第二套中等网格与细网格和精细网格之间仍存在一定差别,并且其效率特性线在峰值效率点左侧存在突变。第四套精细网格相对于第三套细网格,堵点流量、近设计压比点效率和喘振裕度分别只变化了 -0.10%、0.09 个百分点及 0.72%。从数值仿真结果来看,第三套和第四套网格预测组合压气机特性的结果基本趋于稳定。

③ 压气机 Model - 3。

对于相对高压比的压气机 Model - 3,随着网格数增加,计算的压气机堵点流量、峰值效率均逐渐增加,第三套细网格与第一套稀疏网格相比,堵点流量偏大 1.1%,是三个压气机中差别最大的。峰值效率偏大 0.9 个百分点。第三套网格和第四套网格获取的压气机特性基本完全重合,精细网格 D 相对于第三套细网格 C,堵点流量仅偏大 0.02%,近设计点效率仅偏小 0.1 个百分点。可见第三套细网格模型 Model - 3 - C 已较好地满足了网格无关性。

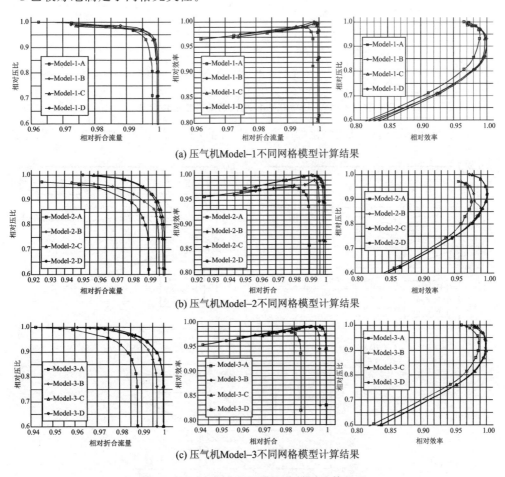

(a) 压气机Model-1不同网格模型计算结果

(b) 压气机Model-2不同网格模型计算结果

(c) 压气机Model-3不同网格模型计算结果

图 2 - 145　各压气机不同网格模型计算结果

(2) 不同网格模型的压气机性能变化

图 2 - 146 和图 2 - 147 给出了压气机轴流进口级和离心级的压比、效率变化情况。可以看出,对于压气机进口级,随网格密度增加,各压气机均计算得到了压比降低、效率升高的基本趋势,其中压比最高的 Model - 2 效率变化最小,为 2 个百分点左

右。Model-3压气机的细网格C和精细网格D模型在压比和效率的计算结果上均表现了较好的稳定性。

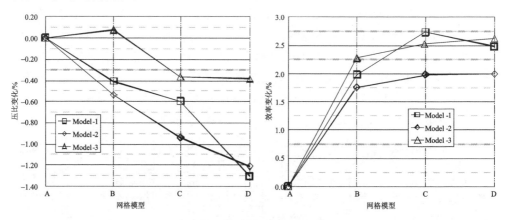

图 2-146　压气机进口级性能随网格密度变化

离心级性能随网格密度变化如图 2-147 所示,可以看出 Model-3 压气机与其

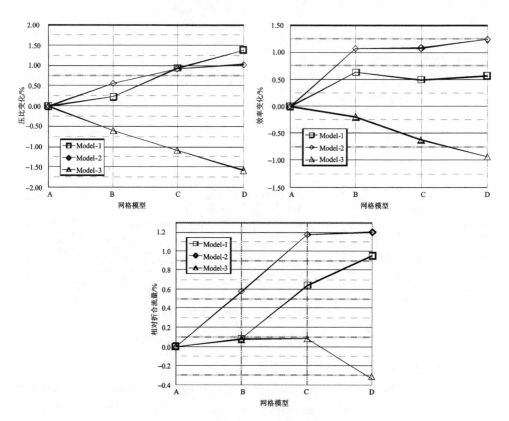

图 2-147　压气机离心级性能随网格密度变化

他两个压气机呈现了完全相反的变化趋势。Model - 1 和 Model - 2 压气机离心级压比和效率随网格密度增加而有所提高,而压比最高的 Model - 3 压气机离心级表现为接近线性的下降趋势。根据图 2 - 147 中各压气机离心级进口折合流量的变化可知,Model - 1 和 Model - 2 压气机的离心级进口折合流量随网格加密有所提高,Model - 2 的精细网格 D 与稀疏网格 A 的计算结果差别达到了 1.2%,造成离心级在设计点朝大流量方向移动。

综上所述,采用商用 CFD 软件对三个不同压比的 3 级轴流＋1 级离心的组合压气机各采用稀疏、中等、细和精细网格进行了数值仿真计算,可以发现:

① 从特性线来看,三个组合压气机的性能均表现了随网格加密而有所提高的趋势;其中,中等压比和较高压比的两种压气机采用细网格可满足较好的网格无关性,低压比压气机中等网格已基本满足。

② 随压比增加,稀疏网格计算得到的流量与精细网格之间差别增加;较高压比的 Model - 3 压气机计算得到的堵点流量差别最大。

③ 中等压比的压气机 Model - 2 计算得到的稀疏网格与精细网格之间设计点效率差别最大,达到 1.6 个百分点。

④ 压比最高的压气机精细网格模型 Model - 3 - D 虽然计算特性线满足了较好的网格无关性,但各级特性变化规律与组合特性有所不同,离心级变化趋势与低压比压气机相反。

可见,对于组合压气机而言,不同压比量级的压气机,其 CFD 的计算校验的结果不尽相同,形成统一的模板非常困难,目前主要依据相关研究人员的经验并不断地尝试才能得到一个针对某一类组合压气机较为理想的计算模板。

2. 自主仿真软件校验

以中国航发动研所目前应用的由北京航空航天大学宁方飞教授课题组开发的具有完全自主知识产权的 MAP 仿真软件为对象,针对两个小流量高负荷组合压气机分析使用 MAP 软件对组合/离心压气机仿真的精度。

(1) 定常数值仿真校验

首先给出算例 1 的数值仿真结果。算例 1 为单级轴流加单级离心组合压气机,设计流量 2.75 kg/s,其中单级轴流为大小叶片转子和串列静子。用于该组合压气机的计算网格如图 2 - 148 所示,网格点总数约为 280 万,其中展向网格点数为 61 个,叶片通道内周向网格数为 51 个,流向网格则根据叶片弦长适当加密,以保证流向分辨率。计算采用 S - A 湍流模型,边界条件都是通常定常仿真的给定方法,不再赘述。需要说明的是,轴流静子为串列叶片结构,为更好地模拟实际流动情况,在串列静子之间的交界面处采用了插值方法直接传递流场参数,而不是掺混面方法。

算例 1 在试验中测量了轴流出口不放气和放气两种状态下的组合特性,但在放气时没有测量放气流量,无法完成放气状态下的数值仿真,所以下面只给出不放气状

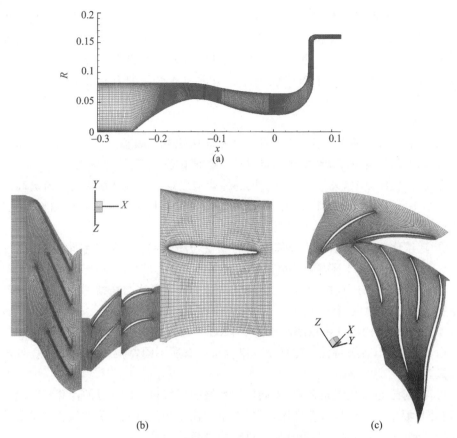

图 2 - 148　算例 1 计算网格

态下的计算结果。图 2 - 149 所示为采用 MAP 计算的算例 1 组合压气机的等转速特性与试验结果的比较。需要说明的是,在不放气状态下,试验中只录取了 87% 及以上转速的特性。另外,在计算中对失速点的判断方法为:以前一个收敛的解为初场,将出口反压提高 1 000 Pa 后,如果计算的流量持续下降,不能收敛至稳定的状态,则认为失速发生。图 2 - 149 中每个等转速线上的最小流量点为最后收敛的工作点。由图可见,MAP 计算的流量、压比和绝热效率在三个转速下都与试验吻合较好,在 100%、90%、87% 设计转速下堵点流量计算值与试验结果误差分别为 1.4%、0.4% 和 3.8%,在 87% 转速下的堵点流量误差略高;失速点压比在 100% 转速时相对误差约为 2%,计算值偏高,而在两个低转速时相对误差约为 4%,计算值偏低;在 100%、90%、87% 转速下计算的峰值绝热效率都低于实验结果,效率值分别低了 0.5%、1% 和 2%。另外,在三个转速下计算特性的流量范围(即堵点到失速点的流量差)与试验基本吻合,只是在 87% 转速时有一定的误差,但由于计算的堵点流量与试验有一定相对误差,所以压气机的失速边界与试验结果差别较大,试验获得的失速边界比计算结果更靠左。

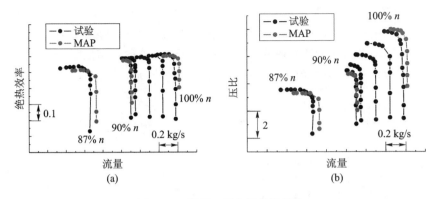

图-149 算例 1 组合压气机特性

算例 2 也是一个单级轴流加单级离心的组合压气机,其基本结构形式与算例 1 相同(见图 2-150),而设计点流量更大,为 6.5 kg/s。计算所使用的网格点总数与算例 1 相同,这里不再赘述。

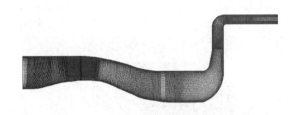

图 2-150 算例 2 计算网格 S2 视图

图 2-151 所示为计算得到的组合压气机特性以及压气机试验台测量结果和整机共同工作线上的部分测量点结果,首先需要讨论的是两套试验测量结果之间的差别。该组合压气机的压气机部件试验是在中国航发动研所部件试验台上完成的,而整机试验则是在 370 厂完成的。从 100% 转速的两套测量结果可以看到,整机试验测得的流量要比压气机部件试验结果高。经调查,整机试验时所用的流量管精度更高(法国赛峰直升机发动机公司曾帮助标定)。所以,至少从流量测量的角度,图 2-151 中给出的整机测量结果更可靠。由图 2-149 中的压比特性来看,数值仿真得到的设计转速特性与整机测得的工作点几乎完全重合,这表明计算得到的设计点流量和压比是准确的。由于压气机部件试验流量及效率测量误差较大,所以下面只能对计算结果做粗略的分析。由压比特性可见,在 100%、90% 以及 85%(放气)转速下,计算特性的流量范围与试验结果基本吻合,而堵点流量差别较大,失速点压比都低于试验结果。而在 60% 和 70% 转速放气/不放气条件下,计算的失速边界与试验结果基本吻合,但压比及特性线走向规律与试验相差较大。在各转速下,计算结果中明显不好的是 80% 转速下的结果,在放气时,计算的流量工作范围很小。从效率特性看,在各转速下计算的效率都明显低于试验结果,特别是在低转速下,计算的效率甚至低

于试验值 10% 以上。对于效率,目前很难评价计算的精度,一方面是计算误差,另一方面试验测量也有较大的问题。从压比-效率图来看,在低转速下,计算的效率低主要是由于计算的总压比低所造成的,而在高转速下,计算的效率低则一部分是由于计算的总压比低,另一部分是由于计算的流动损失高所造成的。

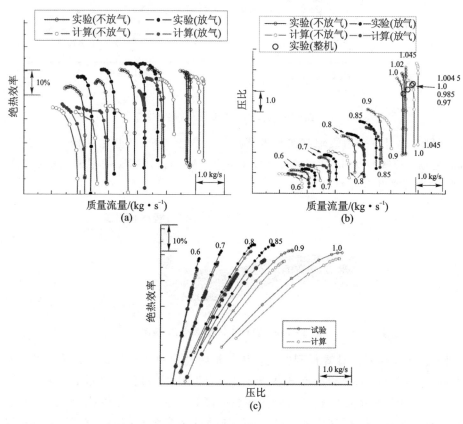

图 2-151   算例 2 组合压气机特性(彩图见彩插)

图 2-152 所示为设计点状态周向平均的总压、熵增及绝对马赫数的子午面分布。可见,即使在设计点,该组合压气机的流动损失主要在离心部分。在靠近机匣处,当流道拐至径向时,损失迅速增大。该组合压气机的离心部分是早期设计的,由于当时设计水平的限制,离心压气机的气动性能目前来看比较差。一般对于现在的叶轮机 CFD 软件,当叶轮机气动设计较好时,往往能计算出精度较高的结果,反之则误差较大,这可能是造成算例 2 的计算结果与试验相差较大的一个原因。另外,由图 2-152 还可以看到,在离心叶轮出口处,绝对马赫数已超声,这时,离心叶轮与径向扩压器的非定常干扰一般会很强,而在本计算中使用的掺混面方法是无法计及非定常效应的,这也可能是计算误差的原因之一。

总结以上利用两个算例对 MAP 程序的考核,算例 1 的计算结果较为理想,与试

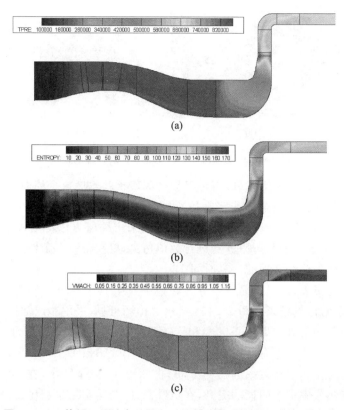

图 2-152 算例 2 设计点处周向平均的总压、熵增及绝对马赫数分布

验较吻合,而算例 2 误差较大。这一方面是由于算例 2 的试验结果本身就存在较大的误差和不确定性;另一方面则是算例 1 是较新的设计(包括轴流部分和离心部分),其气动性能较好,MAP 较容易取得与试验吻合的计算结果,而算例 2 由于离心部分的设计较老,计算误差也较大。

(2)非定常数值仿真校验

采用发展的非定常数值仿真程序 MAP 对小流量单级离心压气机开展非定常数值仿真研究,主要目的是校验非定常仿真结果的正确性,同时对离心压气机非定常流动有初步的把握。

该单级离心压气机是某负载压气机,有三排叶片,分别为进口导叶、离心转子叶轮以及有叶径向扩压器。网格生成采用了自主发展的叶轮机通用网格生成软件TurboMesh3.0。径向扩压器出口是排气蜗壳,定常和非定常仿真中都包含了排气蜗壳。由于蜗壳在圆周方向上不具有轴对称性,所以在带有蜗壳时,即使进行定常的仿真,径向扩压器也必须取全环。排气蜗壳的网格生成采用了自主发展的专用网格生成程序,所生成的计算网格如图 2-153 所示。

对于带蜗壳的负载压气机的非定常仿真,由于三排叶片数不能约化,所以计算网

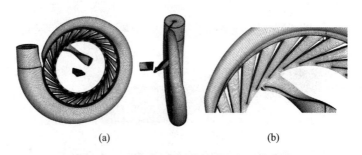

(a)   (b)

图 2 - 153   负载压气机-蜗壳一体化计算网格

格是以定常仿真所用网格为基础,将进口导叶和转子叶轮展成全环而获得的。这样,三排叶片加排气蜗壳都是全环非定常仿真,总的网格点数约为 1 200 万。在进口导叶与转子叶轮之间、转子叶轮和径向扩压器之间采用插值方法传递每个时刻的流场变量。采用 16 个节点的并行服务器进行数值仿真,要获得一个工作点的周期性很好的非定常流场解需要约 2 周的计算时间。

由于计算量很大,这里只完成了设计转速下一个工作点的非定常仿真分析。在特性图上,非定常仿真结果如图 2 - 154 所示。由图可见,采用非定常仿真,负载压气机的总压比与定常仿真结果几乎完全相同,但计算的绝热效率要高约 1.3%。为查看非定常仿真的绝热效率有所提升的原因,图 2 - 155 给出了在转子出口和径向扩压器出口计算的压比和绝热效率的展向分布,由图可见,对于转子,在 70% 叶高以上,转子压比和绝热效率都有明显的提升,在低叶高处,与定常结果相比几乎不变。而对于计及径向扩压器出口的整级压比和效率,非定常仿真的压比分布与定常仿真结果相比几乎完全相同,而绝热效率则在 50% 叶高以下有所提高。非定常仿真的负载压气机总效率的提高有两方面的原因:其一,在定常仿真时采用的是掺混面条件,掺混面实质上是要在交界面处将转子出口的射流-尾迹结构集中掺混掉,从而为径向扩压器给定均匀的进口条件,这时在真实非定常环境中,尾迹在下游输运过程中的所谓尾

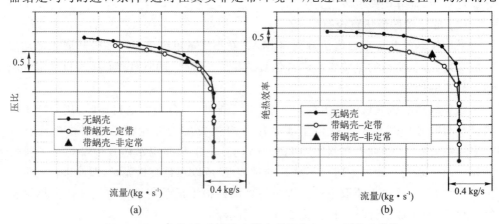

(a)   (b)

图 2 - 154   定常/非定常仿真的负载压气机 100% 转速特性

迹恢复效应是不能在掺混面模型中计及的，因此掺混面会引入相对更高的熵增，这是其物理模型本身固有的缺陷；其二，在真实非定常环境下，径向扩压器进气迎角以及内部流动的掺混过程在转静干涉条件下与定常情况有差别，这也可能是非定常仿真获得较高绝热效率的原因之一。

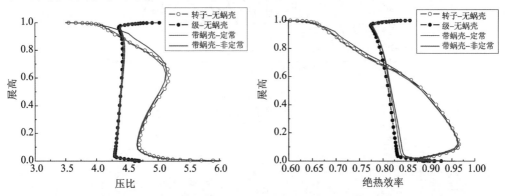

图 2 - 155　定常/非定常仿真的转子/级压比和绝热效率沿展向的分布(彩图见彩插)

　　为查看非定常条件下蜗壳流动的情况，图 2 - 156 比较了定常和非定常仿真的蜗壳进口流量和展向平均的径向速度及静压的周向分布。由图可见，与定常结果相比，非定常仿真的流量和径向速度的周向分布几乎没有变化，从静压分布来看，沿周向的静压脉动也仅略有增强。这说明，在真实非定常条件下，排气蜗壳与径向扩压器的非定常相互作用非常小，非定常性是可以忽略的。这为带有排气蜗壳的离心压气机非定常仿真提供了指导性意见，即在开展非定常仿真时，蜗壳与径向扩压器的非定常相互作用是可以不用考虑的，而对非定常性的分析应只须集中在转子叶轮和径向扩压器的相互作用上。

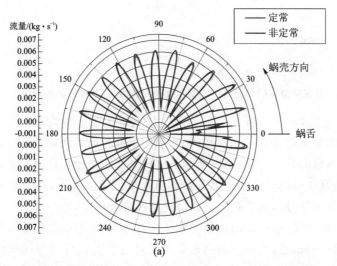

图 2 - 156　定常/非定常仿真的蜗壳进口流量和展向平均的 V_r 及静压的周向分布(彩图见彩插)

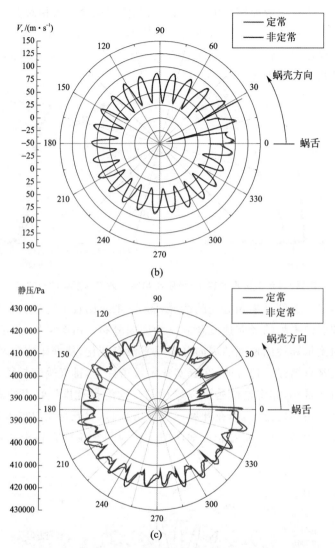

图 2 - 156　定常/非定常仿真的蜗壳进口流量和展向平均的 V_r 及静压的周向分布(续,彩图见彩插)

图 2 - 157、图 2 - 158、图 2 - 159 所示为各截面上流动参数瞬态分布的云图。可见,转静交界面处流动参数的光顺性较好,说明转静界面处的插值方法是较好的。另外,从各流动参数的分布可以看到,转静子之间的非定常相互作用并不是很强。

从对小流量压气机开展的非定常数值仿真研究可以看出,对于高负荷离心压气机,进行非定常仿真分析是必要的。在负荷较高的条件下,离心转子与径向扩压器之间的非定常干涉很强,这一方面直接导致了采用定常仿真方法对压气机性能特性的预估会存在明显的偏差,另一方面则是非定常效应会直接影响到压气机内部的流动结构。

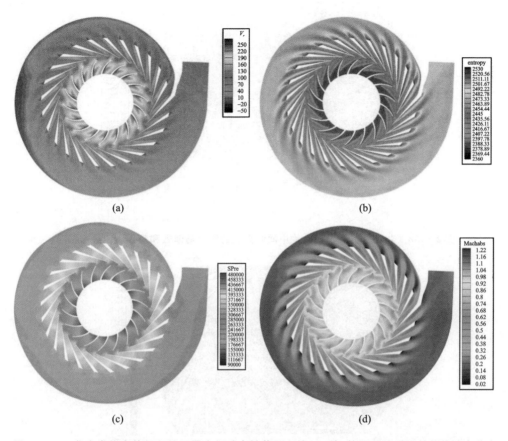

图 2 - 157　非定常仿真的径向扩压器中间叶高轴截面上的 V_r、熵、静压和绝对马赫数的瞬态分布

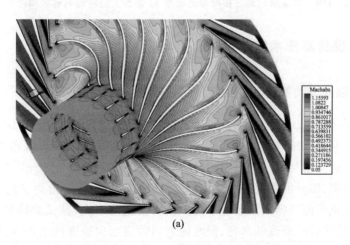

(a)

图 2 - 158　非定常仿真三排叶片中间叶高上的绝对马赫数和静压瞬态分布

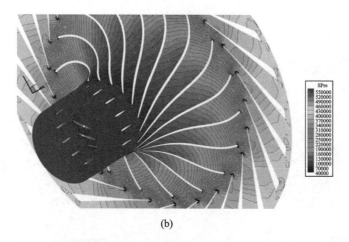

(b)

图 2 - 158　非定常仿真三排叶片中间叶高上的绝对马赫数和静压瞬态分布(续)

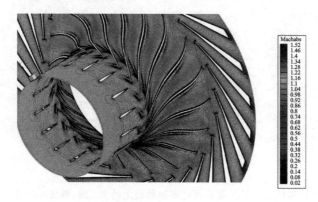

图 2 - 159　非定常仿真三排叶片近机匣 S1 流面上的绝对马赫数瞬态分布

2.13.4　数值仿真技术的应用

1. 静子根部容腔篦齿泄漏流数值仿真

随着高压压气机压比及其单级级压比的不断提高,采用篦齿封严结构的静子根部容腔泄漏流对高压压气机的性能影响不容忽视。通过文献调研可知,篦齿间隙占叶片展高的比例每增加 1%,可导致压比下降 3%,效率下降 1%~1.5%。Shabbir 等人的研究表明,压升的降低是由于根部堵塞发生变化而非迎角的变化。Demargne 等人通过压气机平面叶栅研究了静子间隙流对主流的影响,其试验结果表明泄漏流量越大,越容易导致叶栅流动恶化;同时随着间隙流切向速度的增加,叶片排的流动会变好。由文献调研可知,静子间隙泄漏流的影响不可忽视。下面以目前国际国内主要的仿真软件对静子根部篦齿的仿真为例,简要阐述静子根部间隙泄漏流的仿真应用。

（1）APNASA

APNASA 是 20 世纪 80 年代 NASA Glenn 研究中心基于 J. Adamczyk 的通道平均确定性应力模型发展而来的，采用 Density‐based 求解器和 Runge‐Kutta 算法求解。

S. R. Wellborn 等人采用 APNASA 模拟了某轴流压气机静子根部篦齿的流场，如图 2‐160 所示。

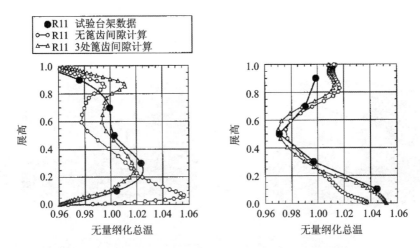

图 2‐160　APNASA 模拟的有/无静子篦齿的总压总温分布

（2）HYDRA

HYDRA 是罗·罗公司与大学合作开发的仿真软件，采用通用 CFD 求解器求解可压缩 N‐S 方程。主要特点如下：

① 采用有限体积方法、结构/非结构混合网格、预处理 Runge‐Kutta 算法＋多重网格、低速预处理、MPI 并行；

② 采用 S‐A 模型、两方程模型、转捩模型、Smagorinsky 模型（LES 仿真）；

③ 除气动仿真外，还具备数值优化、气热/气固耦合仿真、气动噪声分析、燃烧仿真等能力。

图 2‐161 给出了采用 HYDRA 软件进行静子泄漏的气‐固‐热耦合分析的结构图，图 2‐162 所示为仿真流场图。

（3）elsA

elsA 由 ONERA（法国航空航天研究院）发展而来。20 世纪 90 年代中期，ONERA 发展了两个 CFD 软件：CANARI（飞行器和叶轮机亚跨声仿真）、FLU3M（超声流仿真）；1997 年，ONERA 启动 elsA 计划，整合已有 CFD 仿真软件，并建立可持续发展架构；1998 年，ONERA 发布第一个可应用版本，该软件可完成气‐固、气‐热、气动声学仿真，广泛应用于飞行器外流、导弹/火箭外流、叶轮机、进气道、喷管

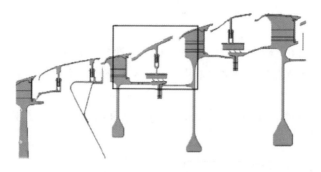

图 2-161 静子篦齿结构

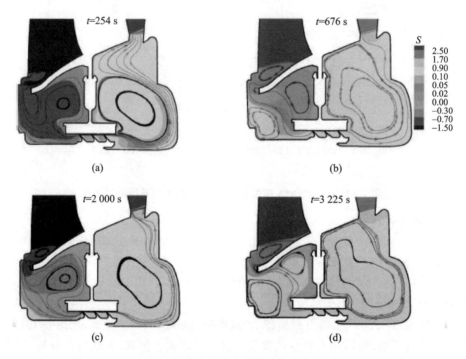

图 2-162 HYDRA 软件数值仿真的静子篦齿气-固-热耦合流场

射流等领域。

图 2-163 所示为采用 elsA 软件仿真的带有静子篦齿腔的压气机流场。

(4) MAP

MAP 软件是由北京航空航天大学完全自主开发的一款叶轮机数值仿真软件,其最初用于喷管内外流场的定常仿真,经过多年发展,该软件被拓展到能够用于多排叶片流场的仿真,并发展了掺混面模型,解决了一般掺混面模型在出现倒流时容易发散的问题。同时还配套开发了叶轮机三维流场计算网格程序 TurboMesh,能够考虑以下各种情况,生成高质量多块结构网格:

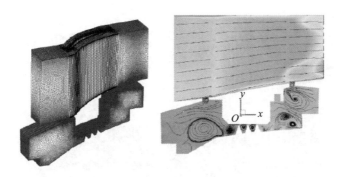

图 2 - 163　采用 elsA 仿真的带有静子篦齿腔的压气机

① 常规轴流压气机；

② 常规轴流涡轮；

③ 离心压气机；

④ 大小叶片、串列叶片(可拓展到一排叶片每片都不一样)；

⑤ 带凸肩的压气机转子；

⑥ 多涵道(涵道数目没有限制)。

图 2 - 164～图 2 - 166 所示为采用 MAP 软件针对某八级带有静子篦齿腔的压气机流场的定常仿真。

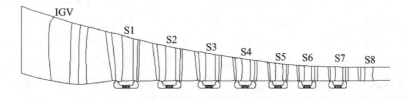

图 2 - 164　某八级压气机

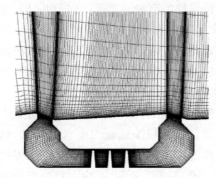

图 2 - 165　静子篦齿腔流场

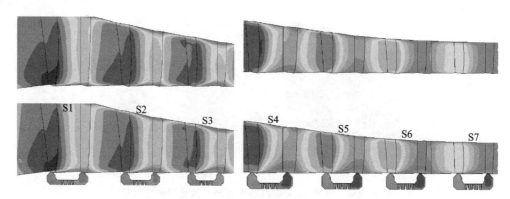

图 2 - 166　有/无篦齿下的压气机轴向速度分布对比

2. 带有真实放气腔的压气机性能数值仿真

压气机的设计点或者匹配点通常选取在压气机使用时间最长的工作状态或者是性能特别关键的条件下,这些条件通常位于最大换算转速或压气机所能产生的最大压比附近。对于航空燃气轮机来说,其必须在部分转速下提供足够的压比和效率,同时保证有足够的失速裕度,比如在发动机启动时。

在设计点或者是匹配点多级压气机各叶片排的迎角都处在最佳状态,当压气机工作在非设计点时,比如在不同换算转速下的工作点,或者在等转速线上不同的流量的工作点,多级压气机的匹配将发生变化,各叶片排并不能完全工作在最佳迎角条件下,比如当多级压气机工作在低换算转速下,由于流量减小,前面级叶片排的迎角增大,其工作状态将向失速点偏移;而后面级的收缩流道是对应于设计压比设计的,因此在部分转速时,压比降低,后面级密度降低,轴向速度相对于设计转速增加,导致后面级工作状态向堵点偏移,即呈现出"前端后堵"的状态。为了解决此问题,现今航空燃气轮机普遍采用级间放气技术。文献[164]和[165]研究了放气槽和放气孔不同的布置方式以及不同的放气流量对压气机流动稳定性的影响。文献[166]和[167]通过压气机数值仿真的方式研究了均匀放气对压气机流动稳定性的影响。Gomes 通过环形叶栅研究了非均匀放气对压气机流动稳定性的影响,其放气槽形状、放气腔尺寸及排气孔个数以及周向布置方式均可定制,其研究结果表明非均匀的排气孔布置方式,会导致在放气槽下方轮毂表面的压力产生周向的非均匀性。

为探索带有真实放气腔对压气机气动性能的影响,针对中国航发动研所某先进涡桨发动机低压压气机进行带有真实放气腔室的压气机全通道三维气动仿真,研究放气与否以及放气量大小对低压压气机气动性能的影响,摸索放气后喘振边界的变化情况。其放气腔室的几何结构及网格划分如图 2 - 167 所示,其中和放气腔相接位置的网格采用全环(即 S2 全环网格)。

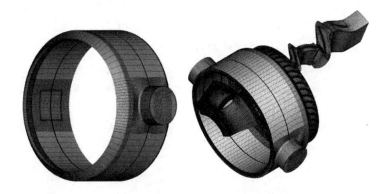

图 2-167　低压压气机＋放气腔室结构及网格划分

(1) 边界条件设置

带有真实放气腔室的压气机全通道三维气动仿真的目的是模拟真实放气环境下的压气机工作状态及压气机喘振边界的变化情况。采用时间推进法求解守恒变量的方法求解雷诺时均的 N-S 方程,湍流模型选取标准 K-epsilon 模型 Modified linear profile 二阶精度的离散格式,边界条件设置如下:

① 进口边界设置在压气机的进口,此处的气流条件按照标准大气设置,给定总温(288.15 K)和总压(101 325 Pa);

② 由于第二级静子是全通道,放气腔室为全环,两者之间不用进行交界面设置;

③ 低压压气机转静子之间采用 stage(mixing-plane)设置;

④ 低压压气机出口给定静压边界条件;

⑤ 放气腔出口给定流量或静压条件,放气出口数量可设置为 1 个或 2 个。

(2) 结果分析

图 2-168 给出了低压压气机在放气和不放气状态下的流量-压比特性,从图中

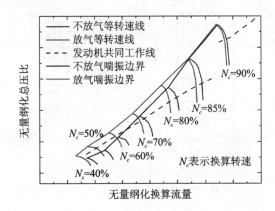

图 2-168　低压压气机流量-压比特性(彩图见彩插)

可以看出,在低转速条件下,若不放气,此低压压气机几乎没有喘振裕度,不能满足设计指标要求,因此需要在中低转速下对低压压气机进行放气,以提高压气机的裕度。图中蓝实线表示不放气时各换算转速的等转速线,黑实线表示不放气时数值计算得到的喘振边界,红实线表示放气时各换算转速的等转速线,粉实线表示放气时数值计算得到的喘振边界,放气之后低转速的裕度明显得到提升。

图2-169所示为80%换算转速下,不放气和9.3%放气量下S1吸力面表面极限流线对比。从图中可以看出不放气时,S1吸力面存在较大分离流动,特别是在约40%和70%展高附近存在两个大的焦点。这是不放气导致其裕度较低的主要原因。放气后S1表面的流动明显改善,大分离消失,仅在角区存在一定的迁移流动。

图2-170所示为 $N_c=80\%$ 换算转速下,不放气和9.3%放气量条件下放气槽、放气腔及排气口的三维流线图,同

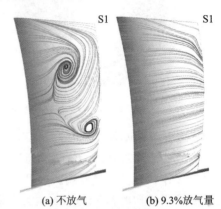

(a) 不放气   (b) 9.3%放气量

图2-169 80%转速低压压气机第一级静叶吸力面表面极限流线图

时给出了9.3%放气量下排气孔处马赫数等值线图。从图中可以明显看出单孔放气所引起的流线沿周向的不均匀性,可以预计这种不均匀性会导致放气前后某级沿周向各叶片的迎角处于不同的状态,易影响压气机的稳定工作,今后可以通过采用非定常全环网格对周向非均匀放气进行深入研究。

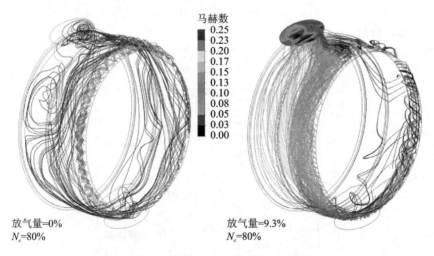

图2-170 不放气和9.3%放气量下放气槽、放气腔及排气口的体流线图($N_c=80\%$ 换算转速下)

2.13.5　流固热耦合数值仿真技术应用

由于具有结构简单、单级压比高和稳定工作范围广等优点,离心压气机广泛应用于涡轴、小型涡喷发动机和辅助动力装置上。叶轮背腔是离心压气机的固有结构,腔内的气体流动特性、气动参数分布和出口篦齿泄漏等对于压气机性能、轴向力和换热特性都有很大的影响。离心叶轮的温度分布对于零件的强度寿命评估、叶尖间隙控制具有重要的意义,但离心叶轮进出口气体温差大、换热环境复杂,受主流流动以及背腔流动等多种因素的影响,准确地计算出其温度分布具有较大难度。当前国内外对离心压气机主流、背腔流动和离心叶轮固体域进行耦合计算的研究非常少。下面以某单级离心压气机为研究对象,通过流固耦合数值仿真,分析离心叶轮背腔的流动特性、离心叶轮温度分布及其对压气机性能的影响。

1. 离心压气机结构

中国航发动研所某高压比单级离心压气机原型和带背腔以及离心叶轮固体域的耦合计算模型示意图如图 2-171 所示。原型由带分流叶片的离心叶轮、径向扩压器和轴向扩压器组成;耦合模型在原型基础上增加了叶轮背腔和离心叶轮固体域:叶轮背腔由进口交界面(与主流相通)、旋转壁面(叶轮背面)、静子壁面(机匣)和背腔出口(篦齿封严出口)组成,二次流气体可经叶轮出口、背腔和封严篦齿后流出。离心叶轮固体域的轮毂、叶片和叶轮背面分别与离心叶轮流体域和背腔流体域进行流固耦合换热,轮心为绝热壁面。

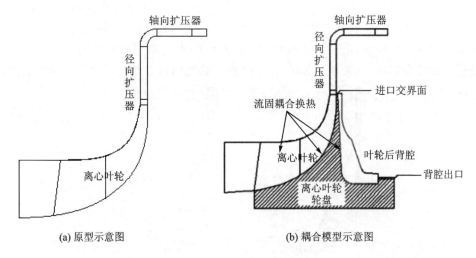

图 2-171　离心压气机示意图

2. 流固热耦合仿真设置

采用 Turbogrid 对离心叶轮、径向扩压器和轴向扩压器划分结构化网格,ICEM
对背腔和离心叶轮固体域分别划分 H 形结构化网格和非结构化四面体网格。采用
CFX 软件进行计算前处理设置和流场求解,计算设置与原型完全相同:进口给定总
温、总压,出口给定平均静压,湍流模型为 Shear Stress Transport(SST)模型,叶片排
间的掺混模型选取 stage 交界面模型。在耦合模型中,篦齿出口边界给定 1 个大气
压的平均静压,图 2 - 172 为原型及耦合模型下离心压气机计算域。

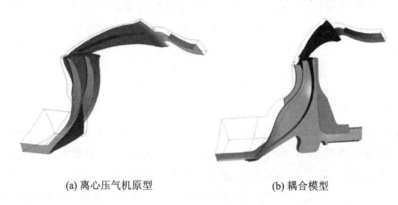

(a) 离心压气机原型　　　　　　　　(b) 耦合模型

图 2 - 172　离心压气机计算域

3. 离心压气机流场分析

叶轮背腔内气体主要受轮盘的离心力和进出口静压差两者的作用,靠近叶轮后
背型线的气体在叶轮旋转作用下,径向位置越高,切向速度越大,离心力越大,而静压
分布沿轴向位置相等,沿径向逐渐增大。叶轮背腔内气体在向外的离心力和向内的
静压力的综合作用下,形成了如图 2 - 173 所示的流场涡系结构。对于不同的工作状

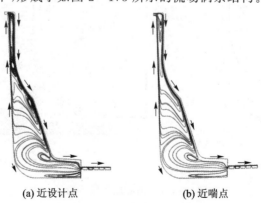

(a) 近设计点　　　　　　　　(b) 近喘点

图 2 - 173　背腔子午面流线图

态点,这种结构都稳定地存在,只是涡的位置有些许的变化。

图 2-174 所示为离心叶轮背腔与压气机主流连接处的子午速度矢量图,在离心力和静压力的综合作用下,在二次流通道的上端,气体由主流区流向背腔,在下端处则是由背腔流向主流区,背腔内高熵气体流入主流区引起压气机中气体平均熵值的增加,同时两股气流相互掺混导致较大的掺混损失,是离心叶轮和压气机效率降低的主要原因。

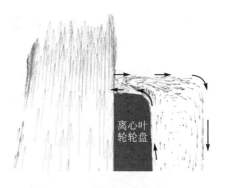

图 2-174　背腔与主流交界处附近的子午速度矢量

根据耦合计算获得的离心叶轮温度云图如图 2-175 所示,由图可知,在近堵点、设计点和喘点时,温度分布类似,但最高温存在较大差别,图 2-176 所示为设计转速时温度在不同工作点的变化情况,从堵点到喘点,离心叶轮出口气体绝对总温逐步升高,但变化很小,近喘点比近堵点的温度升高了约 7 K;从近堵点到近设计点,离心叶轮最高温度先减小,在近设计点附近基本保持不变,到近喘点时又升高,近喘点比近设计点的温度提高了约 40 K。

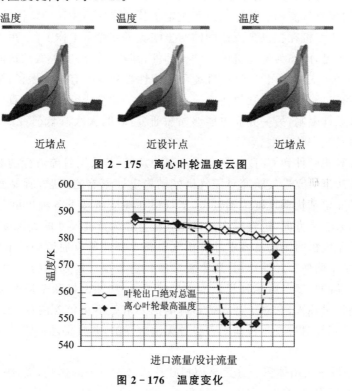

近堵点　　　　　　近设计点　　　　　　近堵点

图 2-175　离心叶轮温度云图

图 2-176　温度变化

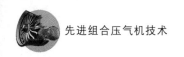

┃2.14 稳定性分析评估技术┃

航空燃气涡轮发动机的发明对人类的生活产生了重大的影响,随着人们对于各种飞机的性能和可靠性的需求日益增强,航空燃气涡轮发动机的设计与制造技术也取得日新月异的进步,随之而来,其本身存在的气动稳定性问题也越来越突出。

航空发动机在实际使用过程中还会有许多因素造成进气畸变,例如,飞机的大机动飞行就是造成进口总压畸变的常见例子;战斗机在发射武器时,飞机发动机会吸入导弹喷出的热燃气,在进口形成瞬时温升和压力波动;舰载机在离舰过程中,发动机会吸入弹射器释放的高温蒸汽,使得进口出现局部高温区,容易造成发动机喘振;战斗机编队飞行、民用飞机起飞着陆过程、发动机反推力装置打开、直升机接近地面悬停等,也会造成飞机发动机吸入热燃气或者涡流,从而在发动机内形成动态的气流扰动;飞行途中遭遇大气阵风、旋涡和自由紊流的吸入,也会造成发动机内部出现明显的动态扰流现象;具有进气道、进口导叶和喷口等可调几何结构的军用发动机在实施调节过程中,也会引起发动机内部气流参数的扰动。

在航空燃气涡轮发动机中,对气流变化最为敏感的部件就是风扇/压气机。风扇/压气机内部气流流动的强增压过程决定了其具有气动失稳的特性,随着工作负荷的不断增加,压气机在提供高压比的同时也限制了其稳定工作范围,更容易造成压气机稳定裕度不足,而作为发动机中的增压部件,其稳定性决定了发动机的稳定性。

研究进气畸变对风扇/压气机性能和稳定性影响主要有两条途径:第一条途径是试验研究,第二条途径就是数值仿真研究。相对于试验研究,数值仿真研究一方面可以避免许多条件限制,另一方面也能够缩短研究周期,大大降低研究的成本,其中彻体力模型就是其中的典型。

虽然计算机硬件和 CFD 技术有了飞速的发展,若采用目前流行的非定常 RANS 数值模拟方法来研究进气畸变对压气机气动稳定性影响的问题,所要面临的一个主要困境就是非定常扰动尺度范围过大,压气机在畸变条件下各种尺度的非定常扰动都会显现出来。一方面,进气畸变是以压气机直径为特征尺寸的大尺度非定常扰动,求解畸变下压气机的流场就要求计算压气机整个环面所有通道中的非定常流动;另一方面,为了正确估算黏性作用,还需要求解比边界层尺度还小的扰动,对于高雷诺数小尺度扰动的长度可以达到几十个微米的量级,精细网格和全环面多通道计算使得计算网格数量惊人,它对于计算机资源的高要求就不止包含内存,也包含 CPU 计算时间,其计算耗时过长是目前工程设计无法接受的,并且仍然面临计算结果的可靠性问题。

Marble 最早采用体积力方式来模拟叶片造型对流场的影响,而这一方法在后来的叶轮机 CFD 中得到广泛应用,发展出一系列的彻体力模型。从目前来看,三维彻体力模型具有较大的优势,其融合了新近发展的 CFD 计算优势和传统风扇/压气机设计理论的沉淀,既能大幅度减小对计算资源的消耗,又尽可能地降低了对经验的依赖,是现阶段"理想"和"可能"完美结合的范例。彻体力模型的基本示意图如图 2 – 177 所示。

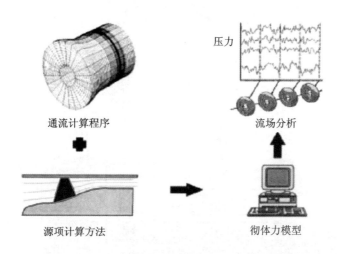

图 2 – 177　分析进气畸变影响的三维彻体力模型

彻体力模型的基本概念为:通过在粗的计算网格上模拟黏性效应或者叶片效应作为计算源项,并根据相关特点和经验给定它们在叶片通道内的分布形式,从而发展而成的一种叶轮机械的三维非定常流计算模型。由于某些时候我们关心的重点并不在受黏性影响很大的壁面附近,因此可通过避免求解黏性细节来加速整体计算过程。显然,能否正确模拟控制方程源项中的叶片力或者黏性力是决定模型计算准确与否的关键所在。

麻省理工学院的 Gong 在 1999 年描述了一个基于通道平均彻体力的三维非定常计算模型,其基本模型的示意图如图 2 – 178 所示。

Gong 针对低速压气机和高速压气机分别采用不同的方法建立彻体力源项,对于低速大展弦比压气机,利用均匀进气下轴对称特性计算彻体力,但是源项沿叶片弦向的分布则需要依赖经验来获取;对于跨声级高速小展弦比的压气机,从稳态 CFD 解进行周向平均后的轴对称流场中应用动量方程提取彻体力,从不同状态下的 CFD 解提取彻体力,总结出彻体力源项与当地动力学参数的函数关系,这种方法的优点是对经验的依赖较前一种方法要少。图 2 – 179 和图 2 – 180 分别为 Gong 针对高速压气机 NASA Stage35 计算出的总压和总温畸变条件下压气机内速度系数沿流程的变化,可以明显地看到畸变流场具有的强三维流动特性无量纲总压。

Chima 在 2006 年发展了一个压气机稳定性三维计算模型 CSTALL,该模型较之以往的计算模型优势在于其具有初步预测分析失速起始的能力,Chima 运用该模型模拟分析了单级高速轴流压气机 Stage35 在均匀进气及稳态畸变进气下的性能和

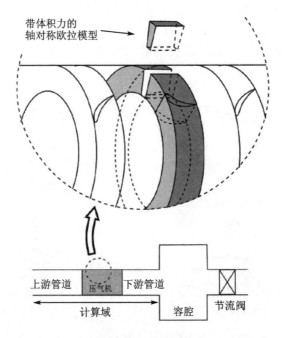

图 2 – 178　压缩系统和叶排模型示意图

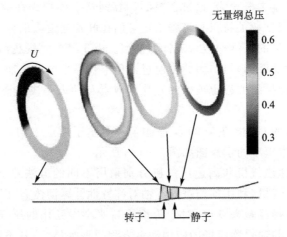

图 2 – 179　稳态总压畸变条件下速度系数沿流程的变化

稳定性,其中均匀进气时在 2 – D 子午面通流模式下应用 CSTALL 对工作特性图快速计算并估计失速点,分析得出在转子叶尖尾缘附近首先出现流动分离(见图 2 – 181)。稳态进气畸变时以 3 – D 整环模式进行计算,在 3 – D 非定常模式下研究压气机级的旋转失速(见图 2 – 182)。

　　通常情况下黏性力相对于总的叶片力是很小的,它的非定常扰动则更小,只需要一个很简单的阻力系数模型就可以很好地模拟时均和动态黏性作用,基于此,Xu 等

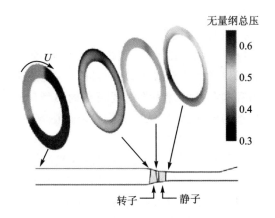

图 2 - 180　稳态总温畸变条件下速度系数沿流程的变化

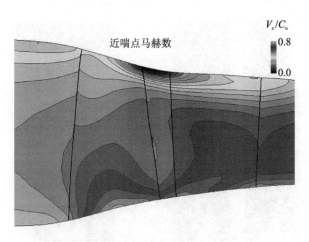

图 2 - 181　CSTALL 二维子午面失速分析

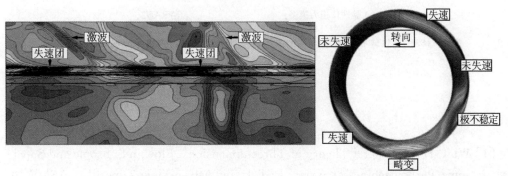

(a) 叶尖 S_1 流面上轴向速度云图　　　　　　(b) 转子出口截面熵分布云图

图 2 - 182　周向 120°总压畸变下 CSTALL 三维失速分析

人于 2003 年提出了一种三维黏性彻体力模型,并利用该模型计算分析了多级低速涡轮的非定常流场及跨声速风扇的畸变流场。该黏性彻体力模型与通道平均的彻体力模型的不同之处在于,黏性彻体力模型仍将叶片放入流场中参与计算,其中叶片对通道内主流区气流的无黏叶片力仍然由 CFD 直接计算得到,而将附面层尺度范围内的黏性力用简单的经验关系模化为当地源项,从而可以采用较粗的网格进行划分,由此可见这种相对于黏性力和非黏性叶片力都需要模化的模型对经验的依赖程度要小,而且叶片几何形状直接参与流场计算,从而有能力求解在叶栅通道内的详细流动,诸如叶片扫过产生的扰动以及叶片的非定常力等。图 2-183 所示为 Xu 利用粗网格黏性体积力模型计算的进气畸变压力场与精细网格 RANS 计算结果对比,两者计算出的静压场及总压场十分相近。此外,南京航空航天大学的胡骏教授课题组也对压气机稳定性的彻体力模型进行了较深入的研究,发展了一个能有效预测进气畸变条件下的压气机性能的压气机三维稳定性分析模型。

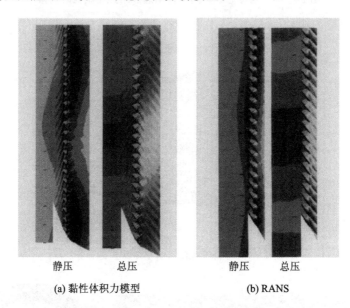

静压　　　总压　　　　　　静压　　　总压

(a) 黏性体积力模型　　　　　　　(b) RANS

图 2-183　黏性体积力模型计算的进气畸变压力场与精细网格 RANS 计算结果对比

┃参考文献┃

[1] Wu C H. A General Theory of Three-dimensional Flow in Subsonic and Super-sonic Turbomachines of Axial, Radial, and Mixed-Flow Types[J]. ASME 50-A-79, 1952.

[2] Wu C H. Three-dimensional Turbomachine Flow Equations Expressed with Respect in Non-orthogonal Curvilinear Coordinates and Methods of Solution

[C]. Munich：Proceedings of 3rd International Symposium on Air-breathing Engines，1976.

[3] Joseph P V. Axial and Centrifugal Compressor Mean Line Flow Analysis Method[C]//47th AIAA Aerospace Science Meeting including the New Horizons Forum and Aerospace Exposition American Institute of Aeronautics and Astronautics，2009.

[4] Cetin M，Ucer A S，Hirish C,et al. Applicationof Modified Loss and Deviation Correlations to Transonic Axial Compressors[J]. AGARD-R-745，1987.

[5] Koch C C，Smith L H. Loss Sources and Magnitudes in Axial-Flow Compressors[J]. Transactions of the ASME，Journal of Engineering for Power，1976.

[6] Hubner J，Fottner L. Influence of Tip Clearance，Aspect Ratio，Blade Loading，and Inlet Boundary Layer on Secondary Losses in Compressor Cascades [J]. Transactions of the ASME. 96-GT-505，1996.

[7] Leiblein S. Analysisof Experimental Low-speed Loss and Stall Characteristics of Two-dimensional Compressor Blade Cascade[J]. NACA RM-E57A28，1957.

[8] Cumpsty N A. Compressor aerodynamics[M]. Cambridge：University of Cambridge，1989.

[9] Ronald H A. Axial-flow Compressors[M]. [S. l.]：ASME PRESS,2003.

[10] Koch C C. Stalling Pressure Rise Capability of Axial Flow Compressor Stages [J]. Transactions of the ASME，1981,103.

[11] Wisler D C. Advanced Compressor and Fan Systems[M]. [S. l.]：GE Aircraft Engines，1988.

[12] Larosiliere L M，Wood J R，Hathaway M D，et al. Aerodynamic Design Studyof Advanced Multistage Axial Compressor[J]. Aerodynamic Design Study of Advanced Multistage Axial Compressor,2003.

[13] Smith S F. A Simple Correlationof Turbine Efficiency[J]. Journal of the Royal Aeronautical Society，1965:467-470.

[14] Casey M V. A Mean Line Prediction Method for Estimating the Performance Characteristic of an Axial Compressor Stage[C]. IMechE International Conference，Cambridge，1987.

[15] Lewis T I. Turbomachinery Performance Analysis[M]. London：Arnold,1996.

[16] Denton J D. Loss Mechanisms in Turbomachines[J]. ASME Journal of Turbomachinery，1993:115.

[17] 金海良,陈璇,谢建,等. 基于变系数对流扩散方程的叶片设计方法研究及验证 [C]. 中国航空学会第十一届小发会议,2017,246-251.

[18] Mayle R E. The Role of Laminar-turbulent Transition in Gas Turbine Engines

[J]. Journal of Turbomachinery, 1991, 113(4): 509-536.

[19] Behlke R F. The Development of a second Generation of Cotrolled Diffusion Airfoils for Multistage Compressors[J]. Journal of Turbomachinery, 1986, 108(1): 32- 40.

[20] Walraevens R E, Cumpsty N A. Leading Edge Separation Bubble on Turbomachine Blades [J]. Journal of Turbomachinery, 1995.

[21] 刘火星. 二维 NACA65 叶型前缘几何形状对气动性能的影响[J]. 工程热物理学报, 2003, 24(2): 232-233.

[22] 宋寅. 曲率连续的压气机叶片前缘设计方法[J]. 推进技术, 2013, 34(11): 1474-1481.

[23] 杜建一, 李雪松, 初雷哲, 等. 100 kW 离心压气机的初步选型与气动设计[C]. 中国航空学会第十三届叶轮机学术讨论会, 2005, 湖北宜昌.

[24] 杜建一, 祁志国, 赵晓路, 等. 高比转速离心压气机模型机叶轮内部三维流场分析与改进[J]. 工程热物理学报, 2004, 25(3): 391-394.

[25] 王志恒, 席光. 离心压气机叶片扩压器的气动优化设计[J]. 工程热物理学报, 2007, 28(3): 391-394.

[26] 王宏亮. 高压比离心压气机优化设计与实验研究[D]. 西安:西安交通大学, 2011.

[27] 戴韧. 微型燃气轮机级其"混合动力"的技术进展[J]. 热力透平, 2005, 34(1): 6-11.

[28] Takehara I, Tatsumi T, Ichikawa Y. Summary of CGT302 Ceramic Gas Turbine Research and Development Program[J]. ASME paper, Journal of Engineering for Gas Turbine and Power, 2002, 124: 627-635.

[29] 郑新前, 张扬军, 郭宫达, 等. 车用跨声速离心压气机设计[J]. 航空动力学报, 2008, 23(10): 1903-1907.

[30] 世界中小航空发动机手册编委会. 世界中小航空发动机手册[M]. 北京:航空工业出版社, 2006.

[31] 黄春峰, 刘麟, 郭昕, 等. HF120 涡扇发动机研制及成功经验[J]. 燃气涡轮实验与研究, 2011, 24(4): 56-60.

[32] 温泉, 银越千, 彭文雯, 等. 一种离心叶轮:200720064108. 2[P]. 2008-6-11.

[33] Hamid H, Robinson C, Casey M, et al. Free-form Versus Ruled Inducer Design in a Transonic Centrifugal Impeller[C]// ASME Turbo Expo 2017: Turbomachinery Technical Conference and Exposition, 2017.

[34] Higashimori H, Hasagawa K, Sumida K, et al. Detailed Flow Studyof Mach Number 1. 6 High Transonic Flow with a Shock Wave in a Pressure Ratio 11 Centrifugal Compressor Impeller[J]. ASME Journal of Turbomachinery,

2004，126:473-481.

[35] Mileshin V I, Shchipin S K, Startsev A N. New Quasi-3D Inverse Navier-Stokes Based Method Used to Design Highly Loaded Axial Compressor Stages [J]. IGTC2003-TS034，2003.

[36] Victor I M, Andrew N S, Igor K O. CFD Design of a 8:1 Pressure Ratio Centrifugal Compressor[J]. IGTC 2003 Tokyo Ts-043，2003.

[37] Zangeneh M, Amarel N, Daneshkhah K, et al. Optimizationof 6.2:1 pressure Ratio Centrifugal Compressor Impeller by 3D Inverse Design [C]// ASME Turbo Expo，2011.

[38] Bennett I, Tourlidakis A, Elder R L. The Design and Analysis of Pipe Diffusers for Centrifugal Compressors[J]. Proceedings of the Institution of Mechanical Engineers，Part A: Journal of Power and Energy，2000，214: 87-96.

[39] Kunte R, Jeschke P, Smythe C. Experimental Investigation of a Truncated Pipe Diffuser with a Tandem Deswirler in a Centrifugal Compressor Stage[J]. ASME Journal of Turbomachinery，2013,135:1-9.

[40] Bourgeois J A, Martinuzzi R J, Roberts D. Experimental and Numerical Investigation of an Aero-engine Centrifugal Compressor[C]// ASME Turbo Expo: power for Land，Sea & Air，2009.

[41] Grates D R, Jeschke P, Niehuis R. NumericalInvestigation of the Unsteady Flow inside a Centrifugal Compressor Stage with Pipe Diffuser[C]// AMSE Turbo Expo 2013: Techinical Conference and Exposition，2013.

[42] 石建成，刘宝杰. 混合型扩压流动特点分析[J]. 推进技术，2008，29(5): 583-590.

[43] 王毅，赵胜丰，卢新根，等. 高负荷离心压气机管式扩压器特点及机理分析 [J]. 推进技术，2011，26(3): 649-655.

[44] 王博，严明. 离心压气机管式扩压器设计与计算分析[J]. 航空动力学报，2012，27(6): 1303-1311.

[45] Deich M E, Filippov G A, Wang Z Q. A New Method of Profiling the Guide Vane Cascade of Stages with Small Ratios of Diameter to Blade Length[J]. Teplienergetika，1962,8:42-46.

[46] Wang Z Q, Lai S K, Xu W Y. Aerodynamic Calculationof Turbine Stator Cascades with Curvilinear Leaned Blades and Some Experimental Results[C]. Symposium Paper of 5th ISABE，India，1981.

[47] Li L T. Effect of Vortex Generator Jet on Flow Separa-tions in Bowed Compressor Cascades[J]. ASME Paper No. GT2015-42308，2015.

[48] Takahashi Y, Hamatake H, katoh Y, et al. Experimental and Numerical In-

vestigations of Endwall Flow in a Bowed Compressor Cascade[C]// AIAA，2005.

[49] Gümmer V，Wenger U，Kau H P. Using Sweep and Dihedral to Control Three-dimensional Flow in Transonic Statorsof Axial Compressors[J]. Journal of Turbomachinery，2001，123(1)：40-48.

[50] Yamaguchi N，Tominaga T，Hattori S，et al. Secondary-loss Reduction by Forward-skewing of Axial Compressor Rotor Blading[C]. Proceedings of 1991 Yokohama International Gas Turbine Congress，1991，2：61-68.

[51] Denton J D，Xu L. The Exploitationof 3D Flow in Turbomachinery Design[J]. Lecture Series 1999-02，Von Karman Institute for Fluid Dynamics，1999.

[52] Bergner J，Kablizz S，Hennecke D K，et al. Influence of Sweep on the 3D Shock Structure in an Axial Transonic Compressor[C]// ASME Turbo Expo：Power for land，Sea & Air，2005.

[53] Ahn C S，Kim K Y. Aerodynamic Design Optimizationof an Axial Flow Compressor Rotor[C]// ASME Turbo Expo：Power for Land，Sea & Air，2002.

[54] Oyama A，Liou M S. Transonic Axial Flow Blade Shape Optimization Using Evolutionary Algorithm and Three-Dimensional Navier-Stokes Solver[J]. AIAA，2002.

[55] Yi W L，Huang H Y. DesignOptimization of Transonic Compressor Rotor Using CFD and Genetic Algorithm[J]. ASME，2006.

[56] 周进，陈璇，稂仿玉，等. 高马赫数风扇转子叶片优化设计及性能分析[C]. 中小航空发动机会议，2015.

[57] Ian Goodfellow. Deep Learning[M]. 秦皇岛：人民邮电出版社，2017.

[58] Schnoes M. A Database of Optimal Airfoils for Axial Compressor Throughflow Design[J]. ASME Journal of Turbomachinery，2017，139(5)：051008.

[59] Aulich M，Fabin K，Schmitz A，et al. Surrogate Estimations of Complete Flow Fields of Fan Stage Designs via Deep Neural Networks[C]// ASME Turbo Expo 2019：Turbomachinery Technical Conference and Exposition，2019.

[60] Joly M，Sarker S，Mehte D. Machine Learning Enabled Adaptive Optimization of a Transonic Compressor Rotor with Pre-compresor[J]. ASME Journal of Turbomachinery，2019，141(5)：051011.

[61] 钟兢军，韩少冰. 叶尖小翼控制压气机间隙流动的研究进展[J]. 推进技术，2017，38(10) 2201-2202.

[62] Freeman C. Tip Clearance Effects in Axial Turbomachines[J]. Von Karman Institute Lecture Series，1985,05.

[63] Wisler D C. Aerodynamic Effectsof Tip Clearance，Shrouds，Leakage Flow，Casing Treatment and Trenching in Compressor Design[J]. Von Karman In-

stitute Lecture Series,1985,05.

[64] Smith L H. The Effect of Tip Clearance on the Peak Pressure Rise of Axial-flow Fans and Compressors[J]. ASME Symposium on Stall, 1958.

[65] Bag hdadi S. Modeling Tip Clearance Effects in Multistage Axial Compressors [J]. ASME Journal of Turbomachinery, 1996, 118(4): 697-705.

[66] Ameri A, Steinthorsson E, Rigby D L. Effect of Squealer Tip on Rotor Heat Transfer and Effiency[J]. ASME Journal of Turbomachinery, 1998, 120 (4): 753-759.

[67] Azad G S, Han J, Bunker R S, et al. Effect of Squealer Geometry Arrangement on a Gas Turbine Blade Tip Heat Transfer[J]. Journal of Heat Transfer,2002,124(3):452-459.

[68] Han S B, Zhong J J. Effect of Blade Tip Winglet on the Performance of a Highly Loaded Transonic Compressor Rotor[J]. Chinese Journal of Aeronautics, 2016.

[69] Hergt A. Riblet Application in Compressors: Toward Efficient Blade Design [J]. ASME Journal of Turbomachinery, 2015,137(11):1-12.

[70] Head M R, Bandyopadhyay P. New Aspects of Turbulent Boundary-layer Structure[J]. Journal of Fluid Mechanics, 1981, 107: 297-338.

[71] Walsh M J. DragCharacteristics of V-Groove and Transverse Curvature Riblets[J]. Progress in Astronautics and Aeronautics, 1980, 72: 168-184.

[72] Walsh M J. Turbulent Boundary Layer Drag Reduction Using Riblets[C]. AIAA,Aerospace Seience meeting, 1982.

[73] Dubief Y, Djenidi L, Antonia R A. The Measurement of Turbulent Boundary Layer over a Riblet Surface[J]. International Journal Heat and Fluid Flow, 1997,18(2): 183-187.

[74] Tani I. Drag Reduction by Riblet Viewed as a Roughness Problem[J]. Proceedings of the Japan Academy, 1988,64(2): 21-24.

[75] Sawyer W, Winter K. An Investigation of the Effect on Turbulent Skin Friction of Surfaces with Streamwise Grooves[J]. International Conference on Turbulent Drag Reduction by Passive Means, 1987: 330-362.

[76] Bechert D, Bartenwerfer M. The Viscous Flow on Surfaces with Longitudinal Ribs[J]. Journal of Fluid Mechanics, 1989,206: 105-129.

[77] Lee S J, Lee S H. Flow Field Analysis of a Turbulent Boundary Layer over a Riblet Surface[J]. Experiments in Fluids, 2001, 30: 153-166.

[78] Oehlert K, Seume J. Exploratory Experiments on Machined Riblets on Compressor Blades[J]. In ASME Fluids Engineering Division, 2006.

先进组合压气机技术

[79] Fang C，Zhang C，Ping T. An Experimental Investigation of Loss Reduction with Riblets on Cascade Blade Surface and Isolated Airfoils[R]. In ASME Gas Turbine Division，1990.

[80] Boese M，Fottner L. Effectsof Riblets on the Loss Behavior of a Highly Loaded Compressor Cascade[C]. ASME Turbo Expo 2002：Power for Land，Sea & Air，2002：743-750.

[81] Oehlert K，Seume J R，Siegel F，et al. Exploratory Experiments on Machined Riblets for 2-D Compressor Blades[C]// ASME International Mechanical Engineering Congress & Exposition，2007.

[82] Hergt A. Riblet Application in Compressors：Toward Efficient Blade Design [J]. Journal of Turbomachinery，2015，137：111006-1.

[83] Bhushan B，Dean B. The Effect of Riblets in Rectangular Duct Flow[J]. Applied Surface Science，2012,258(8)：3936-3947.

[84] Govardhan M，Rajender A，Umang J P. Effectof Streamwise Fences on Secondary Flows and Losses in a Two-dimensional Turbine Rotor Cascade[J]. 热科学学报：英文版，2006，15(4)：296-305.

[85] Lei D，Cao L. Effects of Residual Ribles of Impeller's Hub Surface on Aerodynamic Performance of Centrifugal Compressors[J]. Engineering Applications of Computational Fluid Mechanics，2005,9：99-113.

[86] Khader M A，Sayma A I. Effect of End-wall Riblets on Radial Turbine Performance[J]. IOP Conference Series：Materials Science and Engineering，2017,232：012075.

[87] 季路成，程荣辉,邵卫卫，等. 最大负荷设计之：角区分离预测与控制[J]. 工程热物理学报，2007，28(2)：2192-222.

[88] 季路成，田勇，李伟伟，等. 叶身/端壁融合技术研究[J]. 航空发动机，2012，38(6)：5-10+15.

[89] 季路成,伊卫林，田勇，等，一种叶轮机械叶片与端壁融合设计方法：201010623606.2[P]. 2011-06-15.

[90] 彭学敏，季路成，伊卫林,等. 高负荷压气机叶栅的叶身/端壁融合研究[J]. 工程热物理学报，2014，35(2)：242-246.

[91] 田勇，季路成，李伟伟，等. 叶身/端壁融合技术工况的适用性[J]. 航空动力学报，2014，28(8)：1905-1913.

[92] 伊卫林，陈志民，季路成,等. 离心压气机叶身/端壁融合技术应用初探[J]. 工程热物理学报，2014，35(2)：256-261.

[93] 伊卫林，唐方明，陈志民,等. 改善压气机端区流动的新方法——前缘边条叶片技术[J]. 航空动力学报，2014，30(7)：1691-1698.

[94] Hall E J，Crook A J. Aerodynamic Analysis of Compressor Casing Treatment with a 3D Navier-Stokes Solver[C]// Joint Propulsion Conference & Exhibit，2015.

[95] Hall E J，Delaney R A. Preformance Prediciton of Endwall Treatfan Rotors with Inlet Distortion[C]// 34th Aerospace Science Meeting and Exhibit，1996.

[96] 杜辉，朱俊强，楚武利. 凹槽叶片式机匣处理的结构尺寸优化研究[J]. 推进技术，1998，19(1)：70-74.

[97] Ghila A，Tourlidakis A. Computational Analysis of Passive Stall Delay through Vaned Recess Treatment[C]// ASME Turbo Expo：Power for Land，Sea & Air，2001.

[98] Wisler D C，Beacher B F. Improved Compressor Performance Using Recessed Clearance(Trenches)over the Rotor[J]. Nmr in Biomedicine，2013，25(2)：369-378.

[99] 朱俊强,刘志伟. 4 种不同型式机匣处理的实验研究及机理分析[J]. 航空学报，1997，18(5)：567-570.

[100] 朱俊强,赵毅,刘志伟. 斜沟槽型机匣处理的实验研究[J]. 航空动力学报，1998,13 (1).

[101] Zhang H，Ma H W. Study of Sloped Trench Casing Treatment on Performance and Stability of a Transonic Axial Compressor[C]// ASME Turbo Expo：Power for Land，Sea & Air，2007.

[102] Rabe D C，Hah C. Applicationof Casing Circumferential Grooves for Improved Stall Margin in a Transonic Axial Compressor[C]// ASME Turbo Expo：Power for Land，Sea & Air，2002.

[103] Shabbir A，Adamczyk J J. Flow Mechanism for Stall Margin Improvement Due to Circumferential Casing Grooves on Axial Compressors[J]. Journal of Turbomachinery，2005,127(4).

[104] Beheshti B H，Teixeira J A. Parametric Study of Tip Clearance-Casing Treatment on Performance and Stability of a Transonic Axial Compressor[J]. Journal of Turbomachinery，2004，126(4)：527-535.

[105] Muller M W，Schiffer H P. Effect of Circumferential Grooves on the Aerodynamic Performance of an Axial Single-Stage Transonic Compressor[C]. Proceedings of ASME Turbo Expo，2007.

[106] Huang X D，Chen H X，Fu S. CFD Investigation on the Circumferential Grooves Casing Treatmentof Transonic Compressor[C]// ASME Turbo Expo：Power for Land，Sea & Air,2008.

［107］ Houghton T, Day I. Enhancing the Stability of Subsonic Compressors Using Casing Grooves[C]. Proceedings of ASME Turbo Expo, 2009.

［108］ Zhu J Q, Wu Y H, Chu W L. Axial Locationof Casing Treatment in Multi-stage Axial Flow Compressors[C]// ASME Turbo Expo 2005: Power for Land, Sea & Air, 2005.

［109］ 吴艳辉, 张皓光, 楚武利. 槽式处理机匣几何结构参数的正交试验[J]. 航空动力学报, 2008, 24(4): 825-829.

［110］ 楚武利, 刘志伟, 朱俊强. 折线斜缝式机匣处理的实验研究及机理分析[J]. 航空动力学报, 1999, 14(3): 270-274.

［111］ Wilke I, Kau H P, Brignolk G. Numerically Aided Design of A High-efficient Casing Treatment For a Transonic Compressor[C]// ASME Turbo Expo 2005: Power for Land, Sea & Air, 2005.

［112］ Tuow, Lu Y J, Yuan W. Experimental Investigation onthe Effects of Unsteady Excitation Frequency of Casing Treatment on Transonic Compressor Performance[C]. Proceedings of ASME Turbo Expo, 2009.

［113］ Danner F C T, Kau H P, Martin M, et al. Experimental and Numerical Analysisof Axial Skewed Slot Casing Treatments for a Transonic Compressor Stage[C]// ASME Turbo Expo: Power for Land, Sea & Air, 2009.

［114］ Lu X G, Zhu J Q, Nie C Q, et al. The Stability-limiting Flow Mechanisms in a Subsonic Axial-flow Compressor and Its Passive Control with Casing Treatment[C]// ASME Turbo Expo: Power for Land, Sea & Air, 2008.

［115］ Schnell R, Voges M, Moeing R, et al. Investigation of Blade Tip Interaction with Casing Treatment in a Transonic Compressor-Part 2: Numerical Results[J]. Journal of Turbomachinery, 2011, 133(1):186-192.

［116］ Lu J L, Chu W L, Wu Y H. Investigation of Skewed Slot Casing on Transonic Axial-flow Fan Stage[C]// ASME Turbo Expo: Power for Land, Sea & Air, 2009.

［117］ Engel K, Zscherp C, Wolfrum N, et al. CFD Simulations of the TP400 IPC with Enhanced Casing Treatment in Off-design Operating Conditions[C]// ASME Turbo Expo: Power for Land, Sea & Air, 2009

［118］ Wilke I, Kau H P. A Numerical Investigation of the Influence of Casing Treatments on the Tip Leakage Flow in a HPC Front Stage[C]// ASME Turbo Expo: Power for Land, Sea & Air, 2002.

［119］ Owen J M, Long C A. Review of Buoyancy-induced Flow in Rotating Cavities[J]. Journal of Turbomachinery, 2015, 137(11):1-7.

［120］ Ebert E, Reile E. Bridging the Gap between Structural and Thermal Analysis in Aircraft Engine Design[C]// 8th Symposium on Multidisciplinary A-nalysis and Optimization，2000.

[121] Benito D，Dixon J，Metherell P. 3D Thermo-mechanical Modelling Method to Predict Compressor Local Tip Running Clearances[C]// ASME Turbo Expo 2008：Power for Land，Sea & Air，2008.

[122] Rolls-Royce. The Jet Engine[M]. [S. l.]：John Wiley & Sons,1986.

[123] Owen J M，Wilson M. Some Current Research in Rotating-disc Systems[J]. Annals of the New York Academy of Sciences,2010，934(1)：206-221.

[124] Dorfman L. A Hydrodynamic Resistance and the Heat Lossof Rotating Solids[M]. London：Oliver& Boyd，1963.

[125] Gosman A D，Koosinlin M L，Lockwood F C，et al. Transfer of Heat in Rotating Systems[J]. Gas Turbine Conference and Products Show，1976.

[126] Owen J M，Pincombe J R. Vortex Breakdown in a Rotating Cylindrical Cavity[J]. Journalof Fluid Mechanics，1979，90(01)：109-127.

[127] Farthing P R，Long C A，Owen J M，et al. Rotating Cavity with Axial Throughflowof Cooling Air：Flow Structure[J]. ASME Journal of Turbomachinery，1992，114(1)：237-246.

[128] Farthing P R，Long C A，Owen J W，et al. Rotating Cavity with Axial Throughflowof Cooling Air：Heat Transfer[J]. ASME Journal of Turbomachinery，1990，114(1)：229-236.

[129] Alexiou A，Hills N J，Long C A，et al. Heat Transfer in High-pressure Compressor Gas Turbine Internal Air Systems：a Rotating Disc-cone Cavity with Axial Throughflow[J]. Experimental Heat Transfer，2000，13(4)：299-328.

[130] Long C A，Alexiou A，Smout P D. Heat Transfer in H. P. Compressor Gas Turbine Internal Air Systems：Measurements from the Peripheral Shroudof a Rotating Cavity with Axial Throughflow[C]. 2nd International Conference on Heat Transfer in Fluid Mechanics and Thermodynamics，2003.

[131] Owen J M，Powell J. Buoyancy-induced Flow in a Heated Rotating Cavity [J]. Journal of Engineering for Gas Turbines and Power，2006，128(1)：128-134

[132] Günther A，Uffrecht W，Kaiser E，et al. Experimental Analysisof Varied Vortex Reducer Configurations for the Internal Air System of Jet Engine Gas Turbines[C]// ASME Turbo Expo 2008：Power for Land Sea& Air,2008.

[133] Gunther A，Uffrecht W，Heller L. Local Measurementsof Disc Heat Transfer in Heated Rotating Cavities for Several Flow Regimes[C]// ASME Tur-

bo Expo：Power for Land，Sea & Air，2010.

[134] Nicolas D D. Flow and Heat Transfer Measurements Inside a Heated Multiple Rotating Cavity with Axial Throughflow[J]. Sussex：Doctoral dissertationof University of Sussex，2008.

[135] Muller Y. Secondary Air System Model for Integrated Thermo-mechanical Analysisof a Jet Engine[C]// ASME Turbo Expo：Power for Land，Sea & Air，2008.

[136] Muller Y. Integrated Fluid Network-Thermomechanical Approach for the Coupled Analysisof a Jet Engine[C]// ASME Turbo Expo 2009：Power for Land，Sea & Air，2009.

[137] 郭文，吉洪湖. 高涡轮导叶内冷通道流动特性计算分析[J]. 航空动力学报，2005，20(5)：831-835.

[138] 郭晓杰，顾伟，竺晓程，等. 航空发动机热端部件二次流动和传热耦合方法研究[J]. 燃气轮机技术，2014，27(2)：6.

[139] Bohn D，Heuer T. Conjugate Flow and Heat Transfer Calculationof a High Pressure Turbine Nozzle Guide Vane[C]// Joint Propulsion Conference & Exhibit，2001.

[140] Bohn D，Krüger U，Kusterer K. Conjugate Heat Transfer：An advance Computational Method for the Cooling Designof Modern Gas Turbine Blades and Vanes[M]. [S. l.]：WIT Press，2002.

[141] Bohn D，Ren J. Cooling Performanceof the Steam-cooled Vane in a Steam Turbine Cascade[C]// ASME Turbo Expo：Power for Land，Sea & Air，2005.

[142] Rigby D L，Lepicovsky J. Conjugate Heat Transfer Analysisof Internally Cooled Configurations[J]. ASME，2001.

[143] Heidmann J D，Kassab A J，Divo E A，et al. Conjugate Heat Transfer Effects on a Realistic Film-cooled Turbine Vane[C]// ASME Turbo Expo，2003.

[144] Han Z X，Dennis B，Dulikravich G. Simultaneous Predictionof External Flow-field and Temperature in Internally Cooled 3D turbine Blade Material[J]. International Journal of Trubo & Jet Engine，2000，18(1)：47-58.

[145] Verstraet T，Alsalihi Z A. Conjugate Heat Transfer Method Applied to Turbomachinery[C]. European Conference on Computational Fluid Dynamics，2006.

[146] Zhao Q Y，Sheng C H. Conjugate Heat Transfer Predictionof the Effusion Cooled Plate[C]// AIAA Thermophysics Conference，2013.

[147] 冯国泰，黄家骅，李海滨，等，涡轮发动机三维多流场耦合数值仿真的数学模

型[J]. 上海理工大学学报，2001，23(3)：189-192.

[148] Wellborn S R，Okiishi T H. Effect of Shrouded Stator Cavity Flows on Multistage Axial Compressor Aerodynamic Performance[J]. NASA Paper CR-198536，1996.

[149] Shabbir A，Adamczyk J J，Strazisar A J，et al. The Effectsof Hub Leakage Flow on Two High Speed Axial Flow Compressor Rotors[C]// ASME International Gas Turbine & Aeroengine Congress & Exhibition，1997.

[150] Demargne A A J，Longley J P. The Aerodynamic Interactionof Stator Shroud Leakage and Mainstream Flows in Compressors[D]. Cambridge：University of Cambridge，2000.

[151] Wellborn S R. Tolchinsky I，Okiishi T H. Modeling Shrouded Stator Cavity Flows in Axial-Flow Compressors[J]. Journal of Turbomachinery，2000，122(1)：55-61.

[152] Cumpsty N A. Compressor Aerodynamics[M]. Florida：Krieger Publishing Company，2004.

[153] Dixon S L，Hall C A. Fluid Mechanics and Thermodynamics of Turbomachinery[M]. Sixth edition. [S. l.]：Butterworth-Heinemann，2010.

[154] Leishman，B A，Cumpsty N A，Denton J D. Effects of Bleed Rate and Endwall Location on the Aerodynamic Behavior of a Circular Hole Bleed Off-take[J]. ASME Journal of Turbomachinery，2007，129(4)：645-658.

[155] Leishman B A，Cumpsty N A，Denton J D. Effects of Inlet Ramp Surfaces on the Aerodynamic Behavior of Bleed Hole and Bleed Slot Off-take Configurations[J]. ASME Journal of Turbomachinery，2007，129(4)：659-668.

[156] Conan F，Savarese S. Bleed Airflow CFD Modelling in Aerodynamics Simulationsof Jet Engine Compressors[J]. ASME，2001.

[157] Wellborn S R，Koiro M. Bleed Flow Interactions with an Axial Flow Compressor Powerstream[C]// AIAA Joint Propulsion Conference & Exhibit，2006.

[158] Gomes R，Schwarz C，Peitzner M. Aerodynamic Investigationsof a Compressor Bleed Air Configuration Typical for Aeroengines[C]// 17th International Symposium on Air Breathing Engines，2005.

[159] Gomes R. Schwarz C. Experimental Investigationof a Generic Compressor Bleed System[C]// ASME Turbo Expo：Power for Land，Sea & Air，2006.

[160] 胡晓煜. 世界中小型航空发动机手册[M]. 北京：航空工业出版社，2006.

[161] Japikse D. Centrifugal Compressor Design and Performance[M]. Woburn，USA：Concepts ETI Inc，1996.

[162] Whitfield A，Baines N C. Designof Radial Turbo-machines[M]. UK：Long-

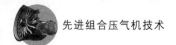

man Singapore Publishers，1990.

[163] 闻苏平，朱报祯，苗永森. 高压离心式压缩机轴向推力计算[J]. 西安交通大学学报，1998，32(11)：63-67.

[164] 孙志刚，左志涛，王英杰，等. 离心压气机轮盘空腔流场计算与分析[J]. 工程热物理学报，2009，30(4)：569-573.

[165] 谢宁军，吴仕钰，黄生勤. 离心压气机三维流固耦合仿真及叶轮背腔流场分析[C].中国航空学会第十九届叶轮机专业学术交流会，2018.

[166] Marble F E. Three-dimensional Flow in Turbomachines in High Speed Aerodynamics and Jet Propulsion[M]. Princeton：Princeton University Press,1964.

[167] Gong Y F，Tan C S，Gordon K A，et al. A Computational Model for Short-wavelength Stall Inception and Development in Multi stage Compressors[J]. Journal of Turbomachinery，1999,121(4):726-734.

[168] Chima R V. A Three-dimensional Unsteady CFD Modelof Compressor Stability[J]. American Society of Mechanical Engineers，2006.

[169] Xu L，Hynes T P，Denton J D. Towards Long Length Scale Unsteady Modeling in Turbomachines[J]. Journal of Power and Energy，2003，217(1)：75-82.

第 3 章
组合压气机结构设计与新材料及新工艺技术

组合压气机结构设计技术涉及气动热力、结构强度、振动、材料、制造工艺和试验测试等众多学科,是技术密集的多学科综合的高科技专业。组合压气机结构设计的核心任务,即是通过设计水平的提高,不断地促使压气机叶片在寿命、重量、可靠性、耐环境性、安全性、制造性、维护性以及成本性等多需求面上得到持续进步,以满足客户需求。转子结构设计是组合压气机结构设计的核心,也是工作条件最为苛刻的部件之一,特别是压气机转子叶片,壁厚薄、刚性弱,无论在设计上还是加工上,均存在较大难度。静子是组合压气机部件中不旋转的部分,由机匣和静子叶片组件组成,它除了承受静子叶片所受的气动轴向力、扭矩和振动负荷外,还要传递转子支承所受的各种负荷。组合压气机静子设计主要包括机匣设计、整流器设计、扩压器设计、防喘设计、定位设计、传力设计等。新材料和新工艺技术的发展促进了组合压气机技术的发展,如整体叶片盘技术的应用显著降低了叶片漏气损失,提高了组合压气机的效率,但由于叶片不可更换,对于叶片修复技术也提出了更高的要求。压气机叶片盘已由单一金属盘向着双合金盘发展,使压气机的转子叶片的许用切线速度和叶片盘的寿命显著提高。3D打印等先进增材制造技术对于压气机复杂机匣的设计和加工起到了巨大的促进作用。

3.1 转子叶片盘设计技术

转子叶片盘是燃气涡轮发动机的核心构件,在发动机工作过程中承受着很大的负荷。若转子叶片盘强度不足或者存在集中应力,将会产生裂纹、折断等故障,造成严重后果。转子叶片盘应力较大的位置主要集中在叶片根部和盘心位置,降低其应力对保证叶片盘强度和使用寿命具有重要意义。

随着航空工业的不断发展与工艺水平的不断提升,整体叶片盘的结构越来越多地应用于航空发动机中。整体叶片盘结构不但可以有效减少发动机零件数,减轻转子重量,提高结构紧凑性与发动机可靠性,也能更好地避免转接零件连接处气体泄漏,提高气动效率。由于整体叶片盘集成做功、封严等多项功能于一体,其构造往往相对复杂,涉及的设计参数较多,因此,单纯通过经验和试凑进行结构设计和优化,工作量过大,可靠性也不易保证。

随着有限元计算技术的发展,目前先进的转子叶片盘设计技术主要采用自动优化实现,其以参数化结构的多目标优化数学模型为基础,进行变形、应力等寻优,获得控制条件下的最佳结构。一般而言,优化方法分为两类:全局优化和盘体局部寻优。全局优化通常用于初始设计中,用于快速获得初始叶片盘体形状,尤其是极为关键的轮盘辐板的轴向位置、轮心半径及尺寸大小等。而盘体局部寻优通常致力于改进局部结构应力集中、变形等。中国航发动研所对这两种叶片盘优化方法都开展了相关研究,以下详细介绍相关研究内容。

3.1.1　叶片盘全局优化设计技术

多级整体叶片盘的各级叶片盘整体成型,结构更轻、连接可靠性更高,对结构设计的要求也更高。目前多级整体叶片盘一般都是在单级叶片盘的成熟设计基础上进行独立优化,最后合并成整体盘结构,但这样必然会忽略各级叶片盘结构参数互相联系对结构性能的影响,因而难以充分发掘多级整体叶片盘整体结构的优势。本节基于 ANSYS-Workbench 平台,针对某二级整体叶片盘方案的初步计算形变过大的问题,以结构变形量为优化目标,提出一种基于响应面与遗传算法的整体叶片盘刚度优化方法。以遗传算法对多目标参数响应面的高适应度区域寻优,获得控制条件下整体叶片盘的最优结构。

1. 整体叶片盘刚度多目标优化方法

对于多级整体叶片盘局部变形量过大的问题,主要需要解决结构布局引起的结构刚度不足,本节主要从控制同一状态下叶片盘最大变形量来实现其刚度优化的目的。若确定关键因素轴向变形量绝对值最小为主要目标,对于应力、总质量、其他变形量等函数,只要满足一定限制条件,即可把这些函数当作约束来处理,从而将多目标优化问题表示为如下数学模型:

设计变量: $\qquad X=\{x_1,x_2,\cdots,x_n\}^{\mathrm{T}}$

目标函数: $\qquad \mathrm{Min}|y(X)|=D_z$

约束条件: $\qquad X_s \leqslant X \leqslant X_t$

$$v_i(X) \leqslant 0, \quad i=1,2,\cdots,k$$

其中,X 为设计变量;叶片盘变形 D 为目标函数;X_s、X_t 分别为设计变量上下限;$v_i(X)$ 为约束函数。

本节在响应面的基础上采用遗传算法进行多目标优化,通过运算建立足够数量的设计变量与目标函数之间的试验样本,从而获取响应面。拉丁超立方取样(Latin

Hypercube Sampling)相对直接蒙特卡罗法具有更好的均匀分散性,能够充分覆盖设计空间,并能以较少的试验取点量获得相对较高的数值拟合精度,如图 3-1 所示,故本节主要采用拉丁超立方设计获取试验样本。

通过合理获取所需样本,有效构造足够精确的响应面,对响应面寻优,不仅能减小问题的非线性,有效减少再现真实问题的计算量,也能提高遗传算法效率,更为准确地获取全局最优解。

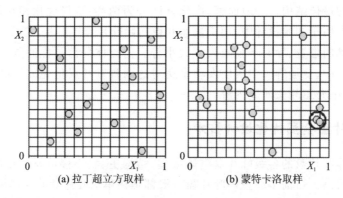

(a) 拉丁超立方取样　　　　　(b) 蒙特卡洛取样

图 3-1　试验取样特点对比

2. 问题描述

所计算的叶片盘为某型发动机增压级整体叶片盘,该整体叶片盘材料为锻件 TC11 钛合金(强度性能见表 3-1),以轮盘最高工作温度 430 ℃为屈服强度评价温度,插值获得其屈服强度为 596 MPa。由于两级叶片数量一致,且经计算固定其安装边的叶盘位移可以忽略,故可如图 3-2 所示剖切模型,并施加位移和循环对称约束,循环对称数为 49。由于气动力对轮盘强度的影响相对较小,优化中不考虑气动力的影响。轮盘强度评价采用 EGD-3 标准,即最大等效应力 σ_{max} 不大于屈服极限,最大径向应力 σ_{rmax} 不大于 80% 的屈服极限,最大周向应力 $\sigma_{\theta max}$ 不大于 95% 的屈服极限。

表 3-1　不同温度下 TC11 性能

温度 T/℃	弹性模量 E/GPa	屈服极限 $\sigma_{0.2}$/MPa	强度极限 σ_b/MPa
20	121	968	1 079
200	106	—	—
300	100	—	—
350	—	669	866

图 3-3 所示分别为计算获得的叶片盘总变形量与轴向变形量,由图可知,由于该整体叶片盘采用一端固定,另一端自由的形式,结构刚度偏小,导致其总变形和轴向变形分别达到 0.626 mm 与 -0.546 6 mm。结构总变形过大,造成工作过程中性

能的不稳定与不确定性。尤其是轴向变形过大,易造成转子盘与静子件刚性碰磨,产生的后果更为严重;若在转、静子相邻面留较大间隙保证安全,则可能破坏流道连贯性,降低气动效率。因此,有必要对叶片盘进行刚度优化,在限制条件下减小结构工作状态下形变量。

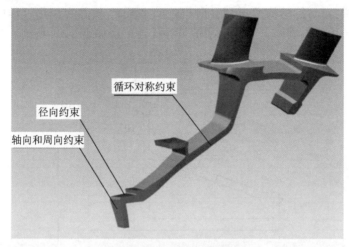

图 3-2　计算模型及约束

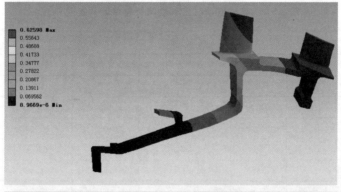

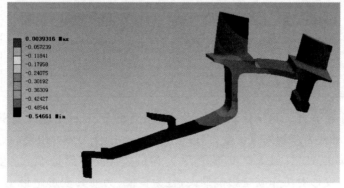

图 3-3　总变形分布和轴向变形分布(单位:mm)

3. 结构刚度参数优化

根据多级整体叶片盘的具体特征,确定模型及其待优化结构参数如图3-4所示,对安装位置 A 与流道相关位置 B 采取绝对尺寸固定的方式以确保其在参数变化过程中的位置,对功能结构 C 采用径向相对尺寸固定,使其在优化过程中结构不变。根据结构的具体特点确定其参数的初值与寻优上下限如表3-2所列。

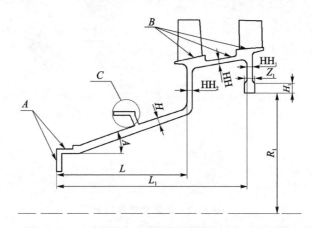

图3-4 某型发动机压气机两级整体叶片盘结构图

表3-2 设计变量取值

参 数	初 值	寻优下限	寻优上限	最优解
A	20	20	31	30.2
L	72.9	72	74	73.99
L_1	106.8	106	108	106.22
R_1	66	55	72	64.36
H	4	3	5	4.49
H_1	5.6	4	7	5.26
Z_1	5.8	4	8	5.61
HH	3	2	4	3.75
HH_1	3	2.4	3.6	3.44
HH_2	3	2.4	3.6	3.18

采用拉丁超立方试验设计取样 80 组,采用克里金(Kriging)代理模型获取响应面。表3-3所列为控制约束函数,即以 EGD-3 标准作为应力限制,总质量 M 增加不大于原方案的 15%,最大总变形量 D_{max} 与最大径向变形量 D_{rmax} 均不大于原方案。由于轴向变形对工作安全影响最大,且为负值,为使其变形量最小,本节取目标函数为 D_{zmax} 最大。

表 3-3　约束条件及目标函数

控制函数	约束条件	约束值
$\sigma_{\max}$	不大于	596 MPa
$\sigma_{r\max}$	不大于	477.2 MPa
$\sigma_{\theta\max}$	不大于	566.2 MPa
M	不大于	1.617 kg
$D_{\max}$	不大于	0.626 mm
$D_{r\max}$	不大于	0.376 mm
$D_{z\max}$	最大	

　　通过取样并完成响应面的数值拟合后,运用遗传算法对响应面内各点进行适应度评估,选择、交叉、变异,获得预测最优解,并将最优解参数代入计算模块获得真实解。如果预测的约束函数值与实际差别过大(本节取相对误差为1%),则将计算点带入样本点细化响应面继续预测,直到预测值与实际值基本一致。经过13轮响应面细化迭代,轴向点变形最大值与对应质量的遗传算法寻优点如图3-5所示,获得的最后结果如表3-4所列。

表 3-4　优化结果

控制函数	算法预测	强度计算	相对误差/%
$\sigma_{\max}$/MPa	545.99	546.05	0.01
$\sigma_{r\max}$/MPa	282.08	280.82	0.45
$\sigma_{\theta\max}$/MPa	542.06	546.38	0.79
M/kg	1.560	1.562	0.13
$D_{\max}$/mm	0.522	0.527	0.95
$D_{r\max}$/mm	0.369	0.366	0.82
$D_{z\max}$/mm	−0.389	−0.389	0.02

　　由图3-5可知,由于结构本身限制与其他函数限制的原因,寻优点并不能达到循环对称体的质量限制值0.033 kg,使最终获得的变形量最小值不到0.388 9。由表3-4可知,通过刚度优化,整体叶片盘轴向最大变形相对减小28.8%,最大综合变形减小15.8%,总质量增加10.5%,其他控制条件均有一定裕度。

　　定义局部敏感度为

$$P(v_i(x_m)) = \left| \frac{v_i(x_m)_{\max} - v_i(x_m)_{\min}}{v_i(x_m)_{\mathrm{ave}}} \right| \tag{3-1}$$

其中,$v_i(x_m)_{\max}$、$v_i(x_m)_{\min}$、$v_i(x_m)_{\mathrm{ave}}$ 分别为函数在 x_m 寻优范围内的最大、最小以及平均值,若 $v_i(x_m)$ 在取值范围内有增加的趋势,则取值为正,反之为负。局部敏感

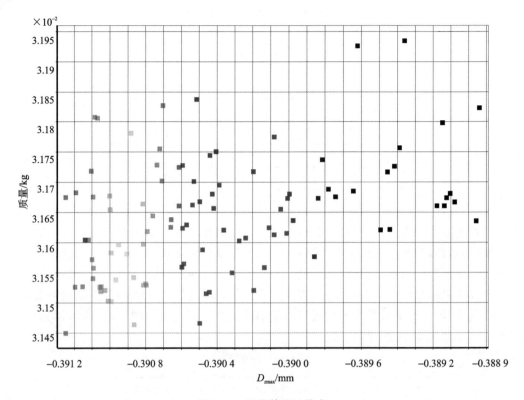

图 3-5 遗传算法寻优点

度反映了引起响应变化的输入变量的权重,正、负值分别表示正、负相关。

图 3-6 所示为各限制函数在克里金代理模型响应面下的局部敏感度。由图可知,对轴向变形量的减小影响最大的三个变量分别为 HH、R_1、A,其中 HH、R_1 受其他限制条件正相关的约束较明显,A 仅与 $\sigma_{r\max}$ 有较明显的正相关限制,实际 $\sigma_{r\max}$ 裕度充分(由图 3-4 可知),故可针对参数 A 改进设计以充分发挥结构刚度潜力。

4. 设计优化

图 3-7 所示为初始优化状态与改进设计状态对比。由于图 3-7 左侧倒角结构的限制,使角度 A 不能进一步增加,因此将该位置结构线条拉直,并倒角光顺,进一步提出改进设计结构的方案,使角度 A 能够在 30°～35°寻优,优化参数如图 3-7 右侧图示。

利用整体叶片盘刚度多目标优化方法对改进结构方案参数进行优化,获得其最优的结构参数。表 3-5 所列为改进结构与初始结构的控制函数值对比。由表可知,优化前后最大应力变化不大,均控制在应力约束范围内;改进优化在初步优化的基础上,综合变形和轴向变形均有进一步改善,相对初步优化,轴向变形与综合变形再减小 5.8% 与 3.8%,径向变形在优化前后基本保持不变,总质量仅比初始结构增加 14.2%。

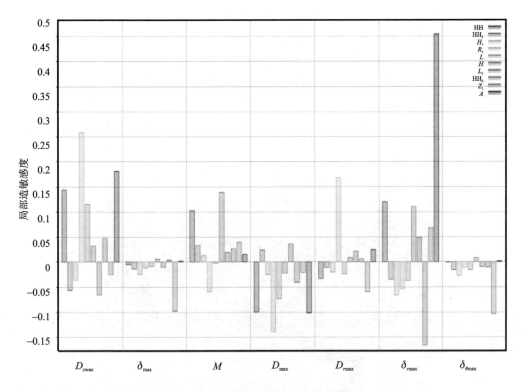

图 3-6   局部敏感度对比(彩图见彩插)

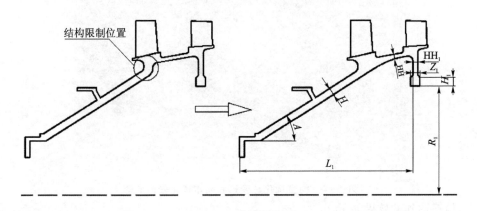

图 3-7   结构优化方案

图 3-8 和~图 3-9 所示为初步优化与改进优化的叶片盘综合变形与轴向变形。由图可知,改进设计并没有改变叶片盘整体刚度特性分布趋势。在同样工作状态下,改进设计较好地增强了叶片盘刚性,叶片盘位置相关变形量都有一定程度减小。一、二级叶片盘前端轴向变形分别减小到 0.27 mm 与 0.315 mm 以下,基本达到预期优化目标。

表 3-5 优化结果对比

控制函数	初始方案	改进优化	变化率/%
σ_{max}/MPa	546.1	553.04	+1.27
σ_{rmax}/MPa	197.76	219.9	+11.2
$\sigma_{\theta max}$/MPa	546.34	553.02	+1.22
M/kg	1.414	1.615	+14.22
D_{max}/mm	0.626	0.503	-19.65
D_{rmax}/mm	0.376	0.366	-2.66
D_{zmax}/mm	-0.547	-0.358	-34.55

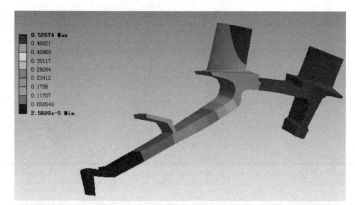

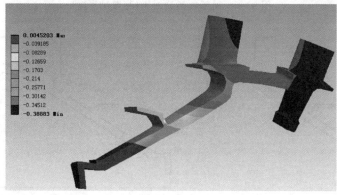

图 3-8 初步优化总变形和初步优化轴向变形

最终达到的效果如下:

① 在整体叶片盘结构设计中对其进行响应面的多目标遗传算法寻优,在有效满足其要求强度与质量的基础上,能实现其结构刚度最优化;

② 通过结构刚度优化,在总质量仅增加 10.5% 的前提下,整体叶片盘最大轴向变形减小 28.8%,综合变形减小 15.8%;

③ 采用遗传算法寻优点与局部敏感度分析能有效指导结构方案改进,以实现结构再优化。

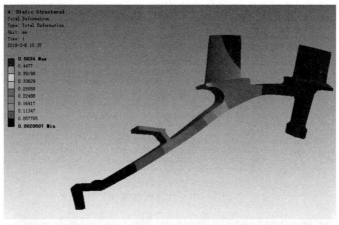

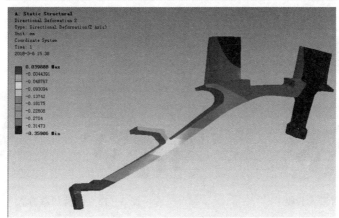

图 3-9　改进优化总变形和改进优化轴向变形

3.1.2　盘体局部优化技术

本节将介绍一种形状优化技术,即通过移动网格节点,改变零部件局部 CAD 造型,从而提高零部件的性能,是一种用于改进局部结构应力集中、提高刚度的方法。OptiStruct 软件是 Altair 公司旗下的一款功能强大的结构优化软件,其结构优化技术在工业界的应用也已非常成熟,如广泛地应用于航天、飞机、汽车、船舶的结构布局优化,电子产品的结构件及连接优化,建筑物和土木工程的结构布置等。

整体叶片盘为悬臂结构,其在发动机中的位置如图 3-10 所示。

整体叶片盘有 21 片叶片,通过对整体叶片盘 3D 模型进行处理后,导入 HyperMesh 软件进行网格划分,共有 1 220 928 个四面体单元,271 459 个节点,有限元模型如图 3-11 所示。

叶片盘绕中心轴高速旋转,转速通过 RBE2 单元实现,在安装边施加了轴向位移约束,气动轴向力加载到叶片表面的每个节点上,载荷加载方式如图 3-12 所示。

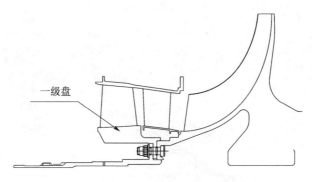

图 3 – 10　叶片盘位置图

图 3 – 11　有限元模型

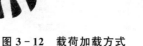

图 3 – 12　载荷加载方式

1. 工况和材料

整体叶片盘在工作中,除了自身高速旋转产生的离心力外,还要承受高压气体对叶片的作用力,本节计算中选择最恶劣的工况进行计算。计算中考虑了温度、气动力以及离心力的影响,材料参数如表 3 – 6 所列。

表 3 – 6　TC11 – GJB2220—1994 力学性能数据

温度/℃	弹性模量 E/GPa	泊松比 μ	屈服强度 $\sigma_{0.2}$/MPa	强度极限 σ_b/MPa	密度 /(kg · cm^{-3})
20	123.0	0.33	825.0	1 114.0	4.48
100	119.0	0.33	—	—	4.48
200	114.0	0.33	610.0	830.0	4.48
300	110.0	0.33	555.0	775.0	4.48
400	104.0	0.33	535.0	775.0	4.48

2. 原始设计

整体叶片盘初始设计方案应力云图如图 3－13 所示,由图可以看出,在叶片前缘叶根位置产生较大应力集中,最大值为 549 MPa,由表 3－6 可知,TC11 在该温度条件下的最大许用应力为 555 MPa,存在较大安全隐患。在叶片盘长时间运转中,较容易产生疲劳裂纹,需要进行改进设计。

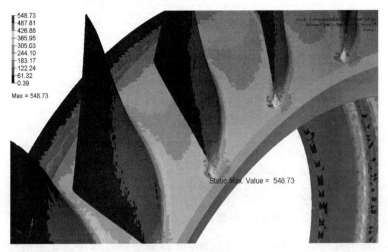

图 3－13　应力云图

3. 自由形状优化

自由形状优化技术是通过移动网格节点位置,改变零部件局部 CAD 造型,从而实现提高零部件性能的目的。本节选择如图 3－12 所示的应力集中区域的节点坐标调整量作为设计变量,这些节点可自由移动原有位置,使得应力集中区域几何结构得到重构,进而降低最大应力。

本节对叶片前缘叶根位置产生较大应力集中的区域进行自由形状优化,优化问题可以描述如下：

设计变量:节点坐标调整量；

约束条件:最大变形量≤0.3 mm；

优化目标:最大应力最小化。

其中设计变量和约束条件只针对应力集中区域的节点。OptiStruct 中 2D 壳单元能够更好地反映应力情况,在叶片根部倒角及叶片区域建立壳单元集合,作为优化目标中考核应力的单元集,优化模型如图 3－14所示。

壳单元

图 3－14　优化模型

4. 优化结果及分析

本节在优化过程中,节点寻优方向不做约束,优化区域的结构形状会随着优化过程的进行不断变化,直到优化完成。优化目标随迭代次数的变化历程如图 3-15 所示,经过 7 次迭代后计算收敛。

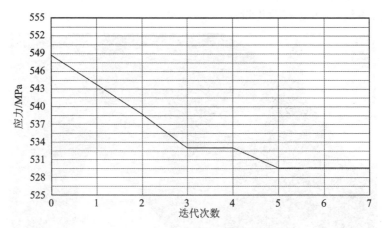

图 3-15 最大应力优化迭代历程

优化前后的应力云图如图 3-16 所示,应力集中位置的最大应力由初始设计方案的 549 MPa,降低到 529 MPa,降低了 3.6%,大幅提高了其强度储备。

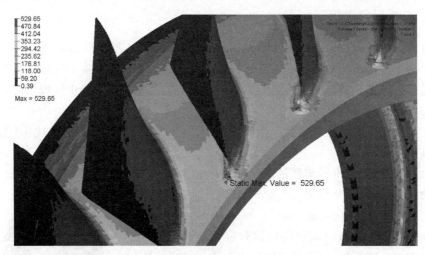

图 3-16 优化前后应力云图对比

由图 3-17 可以看出,优化前后几何结构发生了细微变化,最大变形量为 0.187 mm,变形量极小。叶片和轮盘结构保持不变,只需在应力最大位置局部加大倒圆,便使最大应力降低了 20 MPa。

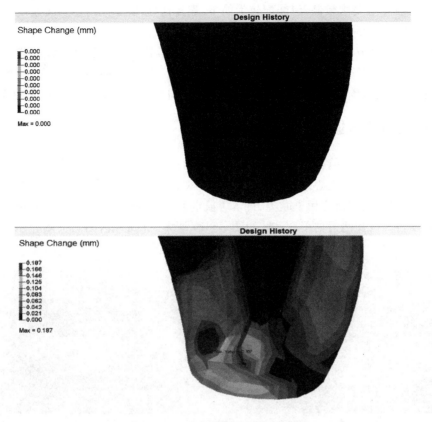

图 3 - 17　优化前后几何结构对比

通过对某整体叶片盘进行强度计算,发现叶片前缘根部产生应力集中,存在较大安全隐患;采用 OptiStrust 软件对应力集中区域进行自由形状优化,优化后最大应力降低 20 MPa。说明采用自由形状优化可以有效降低应力集中区域的最大应力。

该优化方法适用于轮盘大体结构确定之后的局部细节结构优化,特别适合叶片盘材料已确定,整体强度储备正好满足要求,针对该种条件下局部最大应力处(如叶片与轮盘结合部位)进行优化。

┃3.2　转子连接设计技术┃

转子是压气机做功的主要部件,常由叶轮等数个零部件构成。在高载荷工况下,其转速常高达数万转。因此,转子系统各零件间的连接结构直接关系到压气机能否可靠定心和传递扭矩及轴向力。

目前,大流量压气机转子通常采用短螺栓或焊接连接,而在中、小型组合压气机转子设计中普遍采用圆弧端齿的连接方式。这种连接方式对材料本身特性、加工精度、表面粗糙度等要求较高,但装配较为简单、重复性好,通常应用于切线速度不大于 250 m/s 的连接部位。

随着近年来发动机功率需求的增加,组合压气机转子尺寸也随之增大,其连接结构也开始采用螺栓连接以及端面摩擦传扭等结构。这些连接结构具有传递功率大、定心可靠、不用特殊加工及检测工具的优点,但对于加工精度以及装配要求较高。

3.2.1 圆弧端齿连接

圆弧端齿是一种精密端面花键,是当前国内航空发动机领域中小型发动机的各级转子与盘轴之间的定心连接、传扭的主要方式。圆弧端齿自 1942 年美国格里森公司研制成功后,便广泛应用于欧美、日本等航空发动机行业中。中国航发动研所某型号圆弧端齿凹齿和凸齿如图 3-18 和图 3-19 所示,圆弧端齿凹凸齿啮合示意图如图 3-20 所示。

图 3-18 某型号圆弧端齿凹齿

图 3-19 某型号圆弧端凸齿

圆弧端齿连接结构依靠圆弧端齿定心、传扭,常采用拉杆和螺母紧固,常用于轮盘与轴,轴与轴之间的连接。这种连接方式除了具备传统连接方式所具有的优点以外,还具有自动定心精度高、承载能力强、结构紧凑、重量轻等特点。圆弧端齿是由端面离合器衍生而来的,最初是为了解决曲轴分段制造的连接问题。与其他类型端齿相比,圆弧端齿可以人为地改善啮合副接触区,避免因边缘接触引起齿的折断;可以避免因载荷变化而引起的边缘接触;可以降低啮合副的接触区域,降低装配区域的敏感度,提高生产效率。因此,圆弧端齿逐步成为航空发动机盘间的连接方式,如 RB199 发动机高压压气机与高压轴的连接,阿赫耶发动机涡轮转子间连接,以及贝斯 MK202、RB211、EJ200、Trent 系列、RTM322、阿杜尔等发动机盘轴间的连接。

图 3-20 某型号圆弧端齿
凹凸齿啮合示意图

3.2.2　摩擦传扭连接

在组合压气机转子直径较小位置即轴颈位置,由于空间限制,零件之间多采用端面摩擦传扭,尺寸小、变形小,甚至传递的扭矩也小,设计经验和使用经验都比较丰富。但是在尺寸较大、切线速度较大的位置,比如轮缘、鼓筒位置,几乎没有采用摩擦传扭连接结构,这方面的技术研究也比较少。伴随新一代航空发动机的发展需求,压气机的压比和负荷更高,可靠性要求也更高。在满足较高压比、高效率的同时,也十分注重压气机的重量问题,对转子的结构设计不断地提出新的挑战,其连接结构也在不断的创新。

中国航发动研所某发动机压气机转子采用了一种新型的连接结构,如图 3 - 21 所示。相邻的两级轮盘之间采用常规的止口定心,止口之间为过盈配合,通过中心拉杆施加合适的预载,确保轮盘止口在发动机高速旋转的过程中不脱开、可靠定心,具有良好的抗变形能力,保证转子可以稳定地传递扭矩。

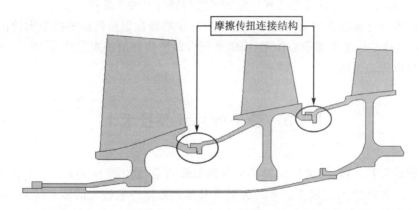

图 3 - 21　中国航发动研所某先进压气机摩擦传扭结构

摩擦传扭连接结构的关键即止口结构设计,带该结构的转子在工作状态下承受的载荷有离心载荷、气动载荷、轴向预紧力等,这些载荷对止口连接处的稳定性有重大影响。止口处不仅要保证良好定心,还需通过摩擦力传递扭矩,当止口处所产生的摩擦力矩满足不了所需传递扭矩的大小时,止口连接处可能会产生滑移甚至脱开。

根据国内外关于摩擦传扭连接结构在发动机上的应用,通过分析对比得出如图 3 - 22 所示几种典型的摩擦传扭连接结构。

以上四种摩擦传扭连接结构显著的差异是止口厚度、配合面的半径、配合面的接触宽度以及实际配合紧度和各自承受的轴向力大小不相同。这些具体结构共同点是圆柱面过盈配合保持定心,端面压紧产生摩擦力来传递扭矩,摩擦传扭连接结构所需传递的扭矩大部分是由端面完成的,圆柱面配合起止口定心的作用。

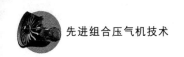

(a) 摩擦传扭连接结构1　　(b) 摩擦传扭连接结构2　　(c) 摩擦传扭连接结构3　　(d) 摩擦传扭连接结构4

图 3-22　组合压气机轮盘之间的摩擦传扭连接结构

摩擦传扭连接结构的传扭能力随着轴向预紧力、定心圆柱面配合半径、配合紧度以及外止口厚度的增大而逐渐增强,但是会随着转速及内止口厚度的增加而逐渐减弱。

在保证摩擦传扭连接结构具有足够传扭能力的同时又能保证材料具有足够的强度储备的条件下,适当地选择较大的轴向预紧力、较小的配合紧度、较小的定心圆柱面配合半径,可使得止口结构具有一定的刚度稳健性又便于装拆。

摩擦传扭连接结构中具有适当配合紧度的定心圆柱面所传递的扭矩大约占总扭矩的 20%～22%,主要起定心作用,而端面配合处所传递的扭矩大约为 78%～80%,主要起扭矩传递作用。

┃3.3　静子叶片调频技术┃

据统计资料显示,发动机由振动引起的故障占总故障的 60% 以上,其中叶片振动故障占总故障的 70% 以上。叶片振动尤其是共振将产生较大的振动应力,易导致叶片疲劳失效,即高周疲劳失效。叶片产生共振的主要原因是由于叶片固有频率与某阶激振频率相同或者接近,因此,在设计过程中应尽量使叶片的固有频率避开激振频率的范围,这项工作常被称为叶片调频。

对于组合压气机的静子叶片来说,叶片调频方法主要分为两种:主动型和被动型。所谓主动,型即在设计过程中改变叶片厚度沿叶高方向的分布和增加阻尼结构来调整叶片的频率,前者费时费力,需要在结构设计、振动分析和性能仿真之间来回迭代,后者可在不改变叶型的情况下实现,如中国航发动研所某先进发动机组合压气机整流器采用了橡胶阻尼结构来调频,该结构对发动机在整个工作过程中的整流器叶片的振动起到了很强的抑制作用(见图 3-23)。

与常规的双支承结构整流器内、外环与叶片采用焊接刚性连接不同,带橡胶阻尼结构的整流器内环与叶片连接为柔性连接(叶片与内/外环之间增加了橡胶阻尼块),通过胶接剂将叶片、内/外环和橡胶阻尼块进行连接固定和密封,这样就相当于在不改变叶片叶型的前提下,在叶片末端增加了一个阻尼器,用于减弱叶片的振动。

由于使用了橡胶,橡胶阻尼结构对使用环境有一定的要求:

　　① 工作温度应处于 $-50\sim250$ ℃;

　　② 具备优异的抗老化、抗霉菌等性能;

　　③ 良好的弹性,满足构件的减振或密封要求;

　　④ 适宜的拉伸强度、硬度;

　　⑤ 阻尼块之间的黏结剂应具有良好的工艺过程流动性以及与金属构件的浸润、黏结性能,确保金属构件填充空间容易充满并具有良好的结合力。

　　橡胶阻尼结构爆炸图如图 3 - 24 所示。

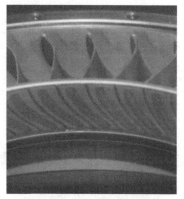

图 3 - 23　第 1 级静子橡胶阻尼埠安装位置示意图

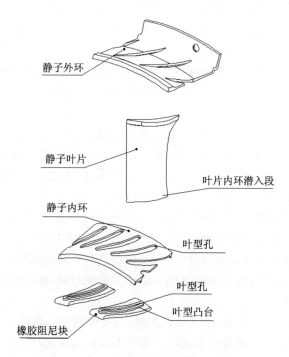

图 3 - 24　橡胶阻尼结构爆炸示意图

　　在中国航发动研所某先进发动机组合压气机整流器研制过程中,进行了橡胶阻尼结构研究工作,表 3 - 7 所列为有无橡胶阻尼结构的整流器的阻尼特性,可以看出,增加橡胶阻尼结构后叶片频率、整流器的阻尼比变化较大,叶片的频率分散度也有所增加。

表 3 - 7　某组合压气机阻尼特性

项　目	频率范围/Hz	平均值/Hz	分散度/%	阻尼比范围	阻尼比均值
无橡胶阻尼结构	869～918	885	5.5	0.2～1.8	0.9
有橡胶阻尼结构	1 548～1 695	1 638	8.97	1.8～4.75	3.14

3.4　调节机构设计技术

为使压气机在一个相对较宽的工作范围内获得较佳的性能,压气机通常设计成前几级静子叶片可调,同时为减轻压气机重量和减小空间,多级叶片调节机构通常设计成一个主动件驱动多排叶片按不同角度变化规律转动的联调机构。涡轴发动机叶片调节机构与涡扇等发动机相比占用空间尺寸较小,机构运动主要以空间运动为主,传统的设计方法常采用人工试凑法,这种设计方法难以保证各级叶片调节精度,同时设计效率较低。

本节将介绍一种基于齐次坐标分析法结合 MATLAB 软件推导运动方程的方式来设计可调机构。采用该方法,对某型发动机叶片调节机构进行改进设计,使其调节精度达到设计目标。

同时,在压气机可调导叶实际装配和使用过程中,经常发生因导叶叶尖(即靠近压气机机匣端的叶片边界)与机匣内壁发生干涉而导致叶片旋转卡死的问题。为了解决上述问题,保证可调导叶在旋转过程中自由灵活、不发生卡死现象,必然要求导叶叶尖与机匣内壁环形流道面之间的径向间隙足够大,如图 3 - 25 所示。然而压气机性能设计却希望叶尖径向间隙尽可能小,以减小叶尖损失,保证性能水平。所以,可调导叶的叶尖间隙必须在满足安全运转需要的前提下,尽可能小。

现在常用的导叶叶尖间隙设计方法是:根据已有型号的研制经验,给定一个固定的叶尖间隙值,即在机匣流道面的基础上偏移一定的距离,作为叶尖型线。这种设计方法存在以下问题:

① 间隙给定无理论依据;压气机装配时,需要根据实际旋转状态,对叶尖有干涉的位置进行修磨,保证可调导叶在允许的角度范围内自由转动。修磨后不易检测,同时叶尖间隙均匀性不好。

② 没有考虑发动机工作条件对可调导叶叶尖间隙的影响。虽然冷态装配状态下导叶可以正常旋转,但是发动机工作条件下,仍然可能发生可调导叶卡死现象。

本节将对可调导叶叶尖间隙的设计方法进行简要介绍。

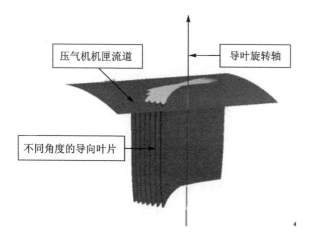

图 3 - 25　叶尖间隙随可调导叶旋转角度变化示意图

3.4.1　叶片调节机构设计及应用

　　叶片调节机构是一套空间连杆机构,主要由可调叶片、摇臂、联动环、操纵杆、液压作动筒等部分组成。图 3 - 26 所示是一套典型的两级叶片调节机构的示意图。受发动机整体尺寸和重量的限制,两级叶片调节机构共用一个作动筒,该作动筒沿自身轴线做往复运动带动主动杆,主动杆进而推动操纵杆运动,操纵杆通过连杆协调两级联动环转动,从而实现各级叶片不同的规律联调。多级轴流压气机叶片调节机构的设计难点在于在满足其中一级调节规律的情况下,需要选

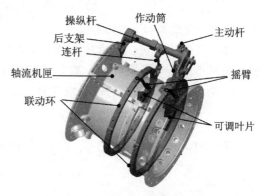

图 3 - 26　调节机构示意图

取适当的结构参数作为变量来拟合其他各级叶片的调节规律。传统的设计方法常采用人工试凑法,这种设计方法难以保证各级叶片调节精度,同时设计效率较低。

　　中国航发动研所研究人员利用齐次坐标分析法推导出运动方程,然后通过迭代计算得到叶片调节机构的结构尺寸。与传统的设计方法相比,该方法在调节规律拟合精度和设计效率等方面均有所提高。

　　叶片调节机构涉及结构参数较多,本节采用齐次坐标分析法结合 MATLAB 软件符号运算功能推导公式,齐次坐标分析法以坐标变换和矩阵计算为基础。为了便于矩阵运算,齐次坐标定义为不同时为零的四个数组成的列向量$[x_1,x_2,x_3,x_4]^T$,这四个数与该点在笛卡尔坐标系中的坐标值 x,y,z 之间的关系规定为:$x=x_1/x_4$;

$y = x_2/x_4$；$z = x_3/x_4$，x_4 一般为常数 1，这样坐标变换矩阵 $\boldsymbol{T}$ 就可以写成一个方阵，即

$$
\begin{bmatrix} x_1 \\ x_2 \\ x_3 \\ x_4 \end{bmatrix} = \boldsymbol{T} \begin{bmatrix} x_1' \\ x_2' \\ x_3' \\ x_4' \end{bmatrix} = \begin{bmatrix} l_1 & l_2 & l_3 & r_1 \\ m_1 & m_2 & m_3 & r_2 \\ n_1 & n_2 & n_3 & r_3 \\ 0 & 0 & 0 & 1 \end{bmatrix} \begin{bmatrix} x_1' \\ x_2' \\ x_3' \\ x_4' \end{bmatrix} \tag{3-2}
$$

其中 $l_1, m_1, n_1, \cdots, l_3, m_3, n_3$ 为 $O'x'y'z'$ 系中各轴相对 $Oxyz$ 系各轴的方向余弦，r_1, r_2, r_3 为 O' 点在 $Oxyz$ 系中的位置。

变换矩阵 $\boldsymbol{T}$ 写成分块矩阵的形式为

$$
\boldsymbol{T} = \begin{bmatrix} \boldsymbol{L} & \boldsymbol{R} \\ 0 & 1 \end{bmatrix}
$$

其中，$\boldsymbol{L}$ 表示转动变换，$\boldsymbol{R}$ 表示平动变换，又可以写为

$$
\boldsymbol{T} = \boldsymbol{T}_r \boldsymbol{T}_a = \begin{bmatrix} 1 & 0 & 0 & r_1 \\ 0 & 1 & 0 & r_2 \\ 0 & 0 & 1 & r_3 \\ 0 & 0 & 0 & 1 \end{bmatrix} \begin{bmatrix} l_1 & l_2 & l_3 & 0 \\ m_1 & m_2 & m_3 & 0 \\ n_1 & n_2 & n_3 & 0 \\ 0 & 0 & 0 & 1 \end{bmatrix} \tag{3-3}
$$

其中，$\boldsymbol{T}_r$ 为平动变换，$\boldsymbol{T}_a$ 为转动变换。

因此变换矩阵 $\boldsymbol{T}$ 可以写成几个基本变换矩阵的顺序乘积，这样由几个基本的变换就很容易得出坐标变换矩阵。基本变换矩阵有沿 x, y, z 平动的平动矩阵 Trans(a, b, c)，沿 x, y, z 轴转动的转动矩阵 $\mathrm{Rot}(x/y/z, \theta)$，即

$$
\mathrm{Trans}(a, b, c) = \begin{bmatrix} 1 & 0 & 0 & a \\ 0 & 1 & 0 & b \\ 0 & 0 & 1 & c \\ 0 & 0 & 0 & 1 \end{bmatrix}, \quad \mathrm{Rot}(x, \theta) = \begin{bmatrix} 1 & 0 & 0 & 0 \\ 0 & \cos\theta & -\sin\theta & 0 \\ 0 & \sin\theta & \cos\theta & 0 \\ 0 & 0 & 0 & 1 \end{bmatrix}
$$

$$
\mathrm{Rot}(y, \theta) = \begin{bmatrix} \cos\theta & 0 & \sin\theta & 0 \\ 0 & 1 & 0 & 0 \\ -\sin\theta & 0 & \cos\theta & 0 \\ 0 & 0 & 0 & 1 \end{bmatrix}, \quad \mathrm{Rot}(z, \theta) = \begin{bmatrix} \cos\theta & -\sin\theta & 0 & 0 \\ \sin\theta & \cos\theta & 0 & 0 \\ 0 & 0 & 1 & 0 \\ 0 & 0 & 0 & 1 \end{bmatrix}
$$

$$\tag{3-4}$$

$\boldsymbol{T}_{ij}$ 代表由坐标系 i 到坐标系 j 的变换矩阵，即

$$
\boldsymbol{T}_{ij} = \boldsymbol{T}_{ji}^{-1} \tag{3-5}
$$

对于闭链结构，有

$$
\boldsymbol{T}_{01} \boldsymbol{T}_{12} \boldsymbol{T}_{23} \cdots \boldsymbol{T}_{ij} \boldsymbol{T}_{j0} = \boldsymbol{I} \quad (\boldsymbol{I} \text{ 为单位矩阵}) \tag{3-6}
$$

在各杆件相连的运动副处建立相应的坐标系，分析出各杆件坐标系之间的变换关系，沿三轴的平移变换编写相应的函数 Trans(a, b, c)，绕三轴的转动变换编写函

数 Rot($x/y/z,\theta$)，在 MATLAB 软件中直接输入变换关系 Trans(a,b,c)与 Rot($x/y/z,\theta$)的顺序相乘，MATLAB 通过符号运算得出相应的变换矩阵，利用转换矩阵间的相互关系通过矩阵运算推导出具体的运动公式。

1．设计方法

叶片调节机构设计，如果单纯实现一级调节规律是很容易的，只需要选取适当的结构参数不引起机构运动干涉及运动死点即可，但是对于两级或多级联调机构，由于受发动机整体尺寸和发动机重量 的限制，它们共用一个作动筒，并且要实现各级不同的规律联调，这就要在满足其中一级规律的情况下选取适当的结构参数作为变量来拟合两级或多级规律。对于两级调节机构，先确定其中一级的机构参数，另外一级的结构参数确定，可以选取一定的机构参数作为变量，通过前文推导的公式，利用程序迭代求得。对于三级甚至 n 级调节机构，由最先确定一级的结构参数，采用上面类似的方法，求出第三级的结构参数，这样 n 级调节机构的设计计算就可以转换为 $n-1$ 个两级调节机构进行设计。

叶片调节规律通常是几个转速下各级静子叶片角度之间的关系。如果每一级静子叶片需拟合 n 个路径点，假设某一级结构尺寸已经确定，理论上来说如果要完全拟合运动规律，就会存在 n 个独立运动方程，就至少需要 n 个变量，方程组才会有解。但是实际求解过程中，由于受到已确定一级的结构尺寸限制，并且变量在受限的范围内取值，往往得不到满足 n 个方程的精确解，这种情况可以适当变动一些已确定的结构尺寸或者变换拟合精度寻求一个近似的可以满足这个精度要求的解。

方程求解的计算程序采用坐标轮换法遍历变量所有取值，通过迭代计算，用最小二乘法或者直接比较每个路径点角度差值判断拟合规律程度，从而得出合适的解。

2．应用实例

以图 3-26 所示某型发动机叶片调节机构改进设计为例，原设计以导叶角度为基准时，1 级叶片角度最大偏差为 1.3°，为提高调节规律拟合精度，选择 1 级静叶部分的几个结构参数作为变量，0 级（导叶）部分结构尺寸不变。改进设计预期调节精度达到偏差不大于 0.5°。下文分三个子结构推导调节机构的运动方程，由于两级机构的结构形式一致，各部分公式对于 0 级和 1 级是通用的。文中采用的坐标系均遵循右手定则。

（1）叶片-联动环部分

图 3-27 所示结构活动杆件数为 2，摇臂绕导叶轴线转动且无轴向位移，摇臂带动联动环转动，联动环转动的同时还可以沿发动机轴线方向做平动。

坐标系 0 为固定坐标系，坐标系 1 为与摇臂一起旋转的动坐标，坐标系 2 为与联动环共同转动的动坐标，其中 d_0,d_1,d_2,α_1 为已确定量，摇臂转角 α_1 为整个机构的驱动，d_3,d_4,α_2 为待求变量。坐标系 1 由坐标系 0 沿 y 轴负方向平移 d_0，绕 x 轴旋

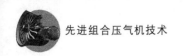
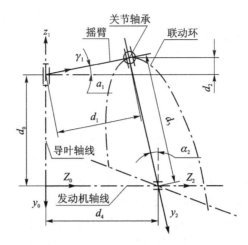

图 3 - 27　叶片-联动环结构

转 $90°$,然后绕 Z 轴转动 α_1 得出,即

$$T_{01} = \text{Trans}(0, -d_0, 0)\text{Rot}(x, 90°)\text{Rot}(z, \alpha_1) \qquad (3-7)$$

坐标系 2 由坐标系 0 沿 Z 轴正方向平移 d_4,然后绕 Z 轴旋转 α_2 得出,即

$$T_{02} = \text{Trans}(0, 0, d_4)\text{Rot}(z, \alpha_2) \qquad (3-8)$$

关节轴承的中心点在坐标系 1 中的齐次坐标为 $[0, d_1, d_2, 1]^T$,在坐标系 2 中的齐次坐标为 $[0, -d_3, 0, 1]^T$,而在坐标系 0 中为同一坐标,将坐标系 1 与坐标系 2 中的齐次坐标均转换至坐标系 0,则有

$$T_{01}\begin{bmatrix} 0 \\ d_1 \\ d_2 \\ 1 \end{bmatrix} = T_{02}\begin{bmatrix} 0 \\ -d_3 \\ 0 \\ 1 \end{bmatrix} \qquad (3-9)$$

这样可以得出三个独立方程,只有三个未知量,求解得

$$d_4 = d_1\cos\alpha_1$$

$$\alpha_2 = -\arctan\left(\frac{d_1\sin\alpha_1}{d_2 + d_0}\right)$$

$$d_3 = \sqrt{(d_1\sin\alpha_1)^2 + (d_2 + d_0)^2} \qquad (3-10)$$

(2) 联动环-操纵杆部分

图 3 - 28 中联动环与耳环由螺栓连接构成一个整体构件,这个构件的转动推动连杆运动,进而带动操纵杆的转动。

图 3 - 27 中坐标系 2 与图 3 - 28 中坐标系 2 为相关联坐标系,依靠 d_4、d_5 和 α_2、α_3 相互联系。在图 3 - 27 中坐标系 2 为动坐标,而在图 3 - 28 中坐标系 2 为固定坐标(即不随杆件运动而运动),图 3 - 28 中其余坐标系均为动坐标系,y_3 与 y_2(发动机正上方)的夹角为 α_3,α_3 作为输入条件,α_6 为待求变量(即操纵杆旋转的角度),其他

参数由结构尺寸确定或前面叶片-联动环部分求出。

坐标变换关系式为

$$T_{23} = \mathrm{Rot}(z, \alpha_3)\mathrm{Trans}(0, d_8, 0) \tag{3-11}$$

$$T_{45} = \mathrm{Trans}(0, d_6, 0) \tag{3-12}$$

$$T_{25} = \mathrm{Rot}(z, \alpha_5)\mathrm{Trans}(0, 0, d_5)\mathrm{Trans}(0, d_7, 0)\mathrm{Rot}(x, \alpha_7)\mathrm{Trans}(0, 0, -d_9)\mathrm{Rot}(z, \alpha_6) \tag{3-13}$$

$$T_{23}T_{34}T_{45}T_{52} = I$$
$$T_{23}T_{34}T_{45}T_{25}^{-1} = I \tag{3-14}$$

即

$$T_{34} = T_{23}^{-1}T_{25}T_{45}^{-1} \tag{3-15}$$

由于 T_{34} 的第四列前三个元素分别表示坐标系 4 的原点在坐标系 3 中的 x, y, z 值,由图 3-28 可知:这三个元素的平方和即为连杆的长度 d。利用这个关系可得出联动环-操纵杆部分的运动关系式为

$$T_{34}(1,4)^2 + T_{34}(2,4)^2 + T_{34}(3,4)^2 - d^2 = 0 \tag{3-16}$$

由此可得运动方程:

$$2d_7 d_9 \sin(\alpha_7) + d_5 d_6 \sin(\alpha_6 - \alpha_7) - d_5 d_6 \sin(\alpha_6 + \alpha_7) - 2d_5 d_9 \cos(\alpha_7) +$$
$$1/2 d_6 d_8 \cos(-\alpha_3 + \alpha_6 + \alpha_5 + \alpha_7) - d^2 - d_6 d_7 \cos(\alpha_6 + \alpha_7) + d_5^2 +$$
$$d_6^2 + d_7^2 + d_8^2 + d_9^2 - d_6 d_7 \cos(\alpha_6 - \alpha_7) - d_6 d_8 \cos(\alpha_3 - \alpha_5 + \alpha_6) +$$
$$1/2 d_6 d_8 \cos(\alpha_3 + \alpha_6 - \alpha_5 - \alpha_7) + d_6 d_8 \cos(-\alpha_3 + \alpha_5 + \alpha_6) +$$
$$d_8 d_9 \sin(\alpha_3 - \alpha_5 - \alpha_7) + 1/2 d_6 d_8 \cos(-\alpha_3 + \alpha_6 + \alpha_5 - \alpha_7) -$$
$$d_8 d_9 \sin(\alpha_3 - \alpha_5 + \alpha_7) - 2d_7 d_8 \cos(\alpha_3 - \alpha_5) + 1/2 d_6 d_8 \cos(\alpha_3 + \alpha_6 - \alpha_5 + \alpha_7) = 0 \tag{3-17}$$

(3) 操纵杆-作动筒部分

图 3-29 所示机构有 3 个活动杆件——操纵杆、主动杆和作动筒。操纵杆转动作为驱动,推动主动杆,主动杆推动作动筒沿轴线移动,在实际叶片调节机构运动的过程中,作动筒作为主动件,通过杆件的一系列运动最终带动叶片转动,这与公式推导过程正好相反。

操纵杆-作动筒部分与联动环-操纵杆部分之间的联系由 α_6 与 α_9 的关系确定,坐标变换关系式为

$$T_{67} = \mathrm{Trans}(d_{12}, 0, 0) \tag{3-18}$$

$$T_{78} = \mathrm{Trans}(0, d_{13}, 0) \tag{3-19}$$

$$T_{9,10} = \mathrm{Trans}(0, d_{14}, 0)\mathrm{Rot}(z, -\alpha_9) \tag{3-20}$$

$$T_{6,10} = \mathrm{Rot}(z, \alpha_8)\mathrm{Trans}(0, 0, -d_{10})\mathrm{Trans}(d_7, 0, 0)\mathrm{Rot}(y, \alpha_7)\mathrm{Trans}(0, 0, d_{11}) \tag{3-21}$$

$$T_{67}T_{78}T_{89}T_{9,10}T_{10,6} = I$$

即

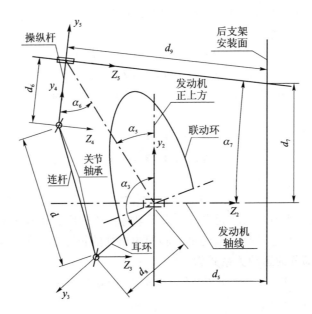

图 3-28 联动环-操纵杆结构

$$T_{89} = T_{78}^{-1} T_{67}^{-1} T_{6,10} T_{9,10}^{-1} \qquad (3-22)$$

由于 T_{89} 的第四列前三个元素分别表示坐标系 9 的原点在坐标系 8 中的 x, y, z 值,参看图 3-29 可知:这三个元素的平方和即为主动杆的长度 d,利用这个关系可得出操纵杆-作动筒部分的运动关系式为

$$[\cos(\alpha_8)\cos(\alpha_7)\sin(\alpha_9)d_{14} + \sin(\alpha_8)\cos(\alpha_9)d_{14} + \cos(\alpha_8)\sin(\alpha_7)d_{11} + \cos(\alpha_8)d_7 - d_{12}]^2 +$$
$$[\sin(\alpha_8)\cos(\alpha_7)\sin(\alpha_9)d_{14} - \cos(\alpha_8)\cos(\alpha_9)d_{14} + \sin(\alpha_8)\sin(\alpha_7)d_{11} + \sin(\alpha_8)d_7 - d_{13}]^2 +$$
$$[-\sin(\alpha_7)\sin(\alpha_9)d_{14} + \cos(\alpha_7)d_{11} - d_{10}]^2 - d^2 = 0$$

综合各子结构的公式,通过程序迭代计算确定变量数值,最终得调节规律如表 3-8 所列。从表 3-8 中的数据可以看出,改进设计后一级静叶角度更接近拟定规律,精度达到了预期要求(偏差小于 0.5°)。

表 3-8 改进设计后的调节规律

参　数	角　度					
进口导叶角度	45°	31.5°	23°	11.5°	0°	−1°
一级静叶拟定规律	30°	19.6°	13°	6.5°	0°	−1°
一级静叶原设计规律	29.9°	20.1°	14.3°	7.0°	0.2°	−0.5°
一级静叶改进设计后规律	29.8°	19.1°	13.4°	6.3°	−0.2°	−0.7°
原设计规律与拟定规律的偏差	0.1°	0.5°	1.3°	0.5°	0.2°	0.5°
改进后规律与拟定规律的偏差	0.2°	0.5°	0.4°	0.2°	0.2°	0.3°

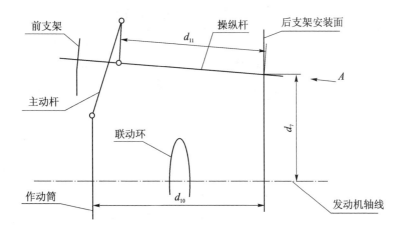

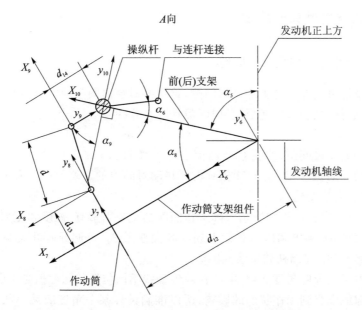

图 3-29　操纵杆-作动筒部分简化示意图

(4) 运动仿真

为节约研制费用,通过 CATIA 软件的运动仿真功能对改进设计后的调节机构进行运动模拟,模拟结果如表 3-9 所列。

由表 3-9 中的数据可知仿真结果与计算结果基本吻合,计算和仿真中所取有效数字不一致导致了很小的偏差。

将齐次坐标分析法和 MATLAB 软件符号运算功能相结合,推导叶片调节机构运动公式,选取适当的结构参数作为变量进行迭代计算,得到了可以满足精度要求的调节机构。与传统的设计方法相比,设计效率和调节规律拟合精度都有所提高。

表 3 - 9　计算规律与仿真规律对比

序　列	0 级角度/(°)	1 级角度/(°)		作动筒长度变化/mm	
		仿真结果	计算结果	仿真结果	计算结果
0	0	0.04	0.06	0	0
1	10.30	6.14	6.24	5.66	5.70
2	19.82	12.12	12.28	11.32	11.33
3	28.78	18.00	18.18	16.98	16.98
4	37.22	23.81	24.02	22.64	22.62
5	45.03	29.72	29.93	28.30	28.24

3.4.2　可调导叶叶尖间隙设计

1. 可调导叶叶尖型线设计原理

要准确设计可调导叶叶尖的径向间隙,首先要对径向间隙的影响因素进行分析。不考虑机动飞行过载引起的变形,径向间隙计算公式为

$$S_p = S_m + \delta_c - \delta_b \pm \delta_y \qquad (3-23)$$

式中,S_m 为初始安装间隙;δ_c 为机匣内流道在工作状态下的径向位移;δ_b 为叶尖在工作状态下的径向位移;δ_y 为导叶相对机匣转动对间隙的影响值;S_p 为实际工作间隙(随工作状态发生变化)。

根据上述计算公式,可知影响实际工作间隙的主要因素有:温度和压力载荷引起的机匣流道变形 δ_c,温度和压力载荷引起的叶尖变形 δ_b,可调导叶叶尖与机匣相对位置变化引起的间隙 δ_y,初始安装间隙 S_m。

因为随着可调导叶角度变化,沿叶片叶尖型线不同位置的间隙值是不断变化的,同时这个间隙值也受到工作状态的影响,所以准确设计某一角度或某一状态下导叶叶尖间隙数值也就意义不大,叶尖间隙设计的最终目的是:

① 保证发动机工作时 $S_p > 0$;

② 保证 S_p 尽可能小。

2. 叶尖型线设计流程

随着导叶调节角度和发动机工作状态的变化,沿叶尖各点的间隙是不断变化的。在机匣流道已经确定的情况下,可调导叶叶尖间隙的设计实际上是叶尖型线的设计。同时,叶尖型线设计完成后,叶尖间隙必须是满足导叶旋转需要状态下的最小值。根据式(3-23),有

$$\pm \delta_y = S_m + \delta_c - \delta_b - S_p$$

式中,S_m 为初始装配间隙,机匣流道和叶尖型线确定的同时即可确定;δ_c、δ_b 仅与温度和压力载荷相关,可以通过有限元计算变形量获得;S_p 要求尽可能小,极限情况下近似为 0;δ_y 与可调导叶的运动位置密切相关,可以参考文献[4]中提到的三维模型旋转切割法确定。

综合上述分析,总结出可调导叶叶尖型线(叶尖间隙)设计的一般流程:

① 根据叶型和机匣流道数据创建叶片实体和流道片体模型;

② 使用机匣流道片体旋转切割叶片实体获取最终叶尖型线;

③ 建立仿真模型并进行变形计算,分析温度和压力载荷对间隙的影响;

④ 考虑变形补偿量,获取最终的叶尖型线,即最终间隙设计完成。

3. 叶尖型线设计实例

本节以某型发动机的第一级可调导叶叶尖型线设计为实例来说明上述设计过程。

在三维设计空间中,根据性能设计确定的叶型数据和机匣流道,建立了叶片实体和机匣片体初步模型如图 3-30 所示。

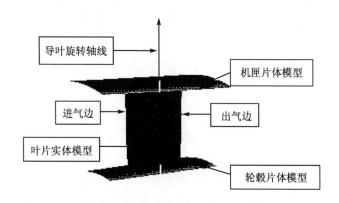

图 3-30　叶片实体和机匣流道片体模型

使用实体模型旋转切割的方法,即在三维结构设计软件中,使用机匣流道片体旋转切割叶片实体,获得最终的叶尖实体形状,具体做法如下:

① 机匣弧形流道片体绕可调导叶旋转轴转至导叶调节边界角度(见图 3-31)。机匣流道旋转方向与导叶调节方向相反,且机匣流道片体可以适当多转 3°左右,保证有一定的设计裕度。

② 使用上述两个弧形流道切割叶尖,获得最终叶尖形状,调整叶片至设计角度视角,在 CAD 软件中提取出叶尖最终截面坐标点集合(见图 3-32)。

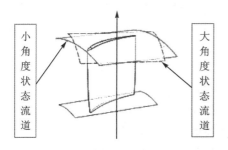

图 3-31 边界角度状态的流道片体与叶片实体

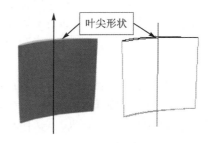

图 3-32 提取叶尖型面数据

③ 将获得的三维 XYZ 坐标系下的叶尖型面数据点转化为极坐标数据点,并输入 CAD 软件中,形成样条线串,取其中最低点拟合样条线即为叶尖型线(见图 3-33)。

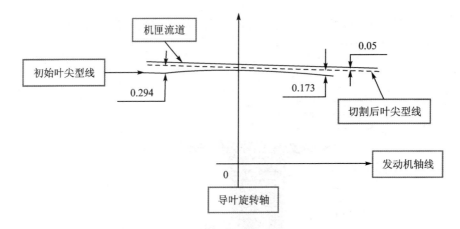

图 3-33 切割后叶尖型线

从图 3-33 可以看出:初始叶尖与机匣的间隙为 0.05 mm,切割完成后,叶尖进气边最大间隙为 0.344 mm,出气边最大间隙为 0.223 mm,叶柄附近间隙基本不变。这说明,靠近叶柄位置附近叶尖切割量最小,叶尖间隙可以控制得很小。所以,可调导叶的叶柄应设计在导叶气流进口位置,因为可调导叶对进口叶尖间隙要求更为严格。

最终获得的叶片叶尖形状是圆弧形的,且沿叶尖型线不同位置的叶尖间隙也是完全不同的。

4. 变形影响

根据设计状态下的实际工作温度,分别计算了设计状态下叶片和机匣实体的综合变形量(见图 3-34),有限元分析结果显示:导叶叶尖型线和机匣流道线径向位移均增大,导叶进气边变形量略大于机匣,出气边二者基本相当。

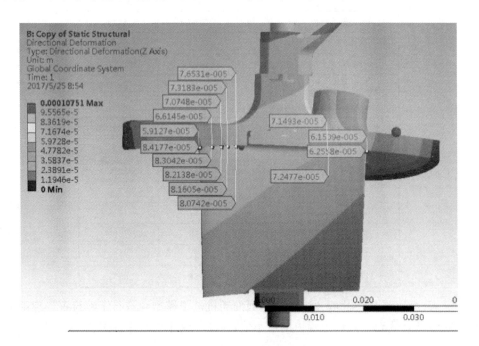

图 3-34　叶片和机匣实体变形计算

考虑变形因素的影响,最终设计的叶尖型线和叶尖间隙数据如图 3-35 所示,与传统方法的叶尖间隙数值比较如表 3-10 所列,Δ_1 为传统设计方法的叶尖间隙,Δ_2 为用本节设计方法设计的叶尖间隙,很明显这种方法可以在满足可调导叶旋转需要的前提下,较大幅度地减小叶尖间隙。

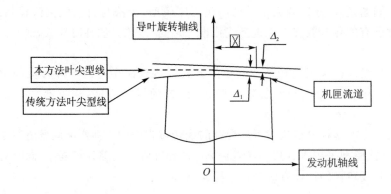

图 3-35　与传统设计方法设计的叶尖间隙比较

表 3 - 10　本设计方法与传统方法的叶尖间隙比较

X	Δ_1	Δ_2	降　幅
−12.5	1.10	0.36	67%
−11.5	0.96	0.31	68%
−10.5	0.83	0.26	69%
−10.5	0.71	0.22	69%
−9.5	0.59	0.18	69%
8.5	0.49	0.09	82%
9.5	0.53	0.11	79%
10.5	0.57	0.12	79%
11.5	0.60	0.14	77%
12.5	0.64	0.17	73%
13.5	0.68	0.19	72%
14.5	0.73	0.21	71%
15.5	0.77	0.24	69%

最后,可以将最终的叶片模型装配到发动机电子模型中进行干涉检查。理论上,叶尖间隙已经达到了允许范围内的最小值,保证了最小的叶尖损失。

3.4.3　带倾角可调导叶旋转轴及叶尖间隙分析

前文对可调导叶叶尖间隙的设计原则进行了较为详细的介绍,将叶尖间隙分为初始安装间隙、冷热态换算间隙和导叶旋转影响间隙。对于其中最核心的导叶旋转影响间隙的确定,采用了一种"实体模型旋转切割"的方法。在已知导叶旋转角度、旋转轴位置等所有输入的情形下,该方法可以较直观地获得所需的导叶叶尖曲线。其存在的主要问题是:由于需要人工手动创建 UG 模型,无法与自动优化流程相结合,因此无法对已有的导叶旋转方案进行优化设计。同时,该方法耗时较长,通常需要数小时。

目前部分发动机采用旋转轴带倾角的方式以达到减少可调导叶叶尖间隙的目的。然而对于带倾角可调导叶旋转轴倾角、位置的设计方法,未见有公开发表的文献。

本节基于齐次坐标分析法对可调导叶的旋转过程中的干涉影响问题进行了数学建模,并基于该模型采用 MATLAB 编制了可调导叶叶尖间隙计算程序,同时对带倾角的可调导叶旋转轴的设计方法进行了简要分析。

1. 齐次坐标法

本节将考虑旋转轴带倾角的可调导叶间隙问题(见图 3 - 36)。很显然,由于倾角的存在,直接通过圆方程的形式推导出导叶叶尖上点的运动轨迹非常困难。本节利用齐次坐标分析法推导出导叶旋转的运动方程。

齐次坐标分析法以坐标变换和矩阵计算为基础。齐次坐标定义为四个数组成的列向量$[x_1, x_2, x_3, 1]^T$,其中x_1, x_2, x_3为该点在笛卡尔坐标系中的坐标值,第 4 行永远为 1。点的运动均基于基本运动矩阵进行运算。本节中涉及的基本运动矩阵包括:

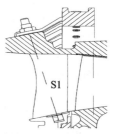

图 3 - 36　带倾角的可调导叶示意图

① 绕 X 轴旋转 θ

$$\mathrm{Rot}\boldsymbol{x}(\theta) = \begin{bmatrix} 1 & 0 & 0 & 0 \\ 0 & \cos\theta & -\sin\theta & 0 \\ 0 & \sin\theta & \cos\theta & 0 \\ 0 & 0 & 0 & 1 \end{bmatrix} \tag{3-24}$$

② 绕 Y 轴旋转 θ

$$\mathrm{Rot}\boldsymbol{y}(\theta) = \begin{bmatrix} \cos\theta & 0 & \sin\theta & 0 \\ 0 & 1 & 0 & 0 \\ -\sin\theta & 0 & \cos\theta & 0 \\ 0 & 0 & 0 & 1 \end{bmatrix} \tag{3-25}$$

③ 绕 Z 轴旋转 θ

$$\mathrm{Rot}\boldsymbol{z}(\theta) = \begin{bmatrix} \cos\theta & -\sin\theta & 0 & 0 \\ \sin\theta & \cos\theta & 0 & 0 \\ 0 & 0 & 1 & 0 \\ 0 & 0 & 0 & 1 \end{bmatrix} \tag{3-26}$$

④ 平移(a, b, c)

$$\mathrm{Trans}(a, b, c) = \begin{bmatrix} 1 & 0 & 0 & a \\ 0 & 1 & 0 & b \\ 0 & 0 & 1 & c \\ 0 & 0 & 0 & 1 \end{bmatrix} \tag{3-27}$$

在已知复杂运动的运动(或变换)顺序后(即一系列按顺序进行的基本运动),将相应的基本运动矩阵的逆倒序相乘即可获得该运动的总变换矩阵;将总变化矩阵与原坐标相乘即可获得变换后的坐标值。

例如:假设坐标系 i 绕 x 轴转动角度 m,随后绕 y 轴转动 n 变换为坐标系 j。坐标系 i 中任意一点的齐次坐标为$(x, y, z, 1)^T$,该点在坐标系 j 中的齐次坐标为$(x_1, y_1, z_1, 1)^T$,则有

$$(x_1, y_1, z_1, 1)^T = \mathrm{Rot}\boldsymbol{y}(n)^{-1} \times \mathrm{Rot}\boldsymbol{x}(m)^{-1} \times (x, y, z, 1)^T \tag{3-28}$$

2. 可调导叶旋转建模

可调导叶的旋转涉及坐标系 i（系统坐标系）与坐标系 j（导叶自身坐标系），其定义分别如下：

坐标系 i：以发动机轴线为 X 轴（顺气流为正），竖直向上为 Y 轴，Z 轴通过右手法则确定（即纸面朝外）。

坐标系 j：通过对坐标系 i 进行平移 $(a,b,0)$ 和绕 Z 轴旋转角度 θ 获得 X'，Y'，Z' 轴（见图 3−37）。坐标系 j 的 Y' 轴就是导叶的旋转轴；原点位置 $(a,b,0)$ 为坐标系 i 中导叶叶尖中弧线上 $Z=0$ 的点（见图 3−38）。

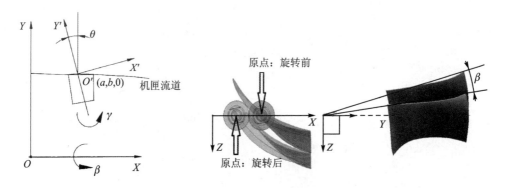

图 3−37　坐标系定义示意图　　　图 3−38　绕 X 轴旋转 β 示意图

图 3−48 对可调导叶所有可能的运动（或者变换）形式进行了汇总。可以看出，导叶旋转过程中涉及的角度旋转（或变换）共有三种，分别为：

θ：导叶旋转轴倾角（与 Y 轴的夹角）。该值用于优化导叶叶尖间隙。当 $\theta=0$ 时，即为常规的不带旋转轴倾角的设计方法。

β：初始叶尖曲线绕 OX 轴优化角度。本节默认旋转轴位于 XOY 平面内，由此导致的问题是当旋转轴沿 X 轴平移进行旋转轴原点位置优化时，如果原点位置距离叶尖中弧线过远，将导致叶柄与叶片分离（见图 3−38）。因此需要将叶片预先绕 X 轴在周向旋转 β 以进行修正。

γ：导叶绕旋转轴旋转的角度。其取值范围由导叶调节规律给定。

本节将对任意给定的 θ、β 和 γ 利用齐次坐标分析法推导出导叶叶尖上任意一点 (X,Y,Z) 在转动后的坐标值 (X_1,Y_1,Z_1)。

3. 导叶旋转过程分析

导叶旋转干涉问题的核心是求解出坐标系 i 下导叶叶尖上任意一点 (X,Y,Z) 在旋转后的坐标 (X_1,Y_1,Z_1)。

为了应用齐次坐标分析法，需要将导叶旋转过程分解成一系列的基本运动（或变换)。采用流程图对导叶旋转运动过程进行梳理,结果如图 3 - 39 所示。

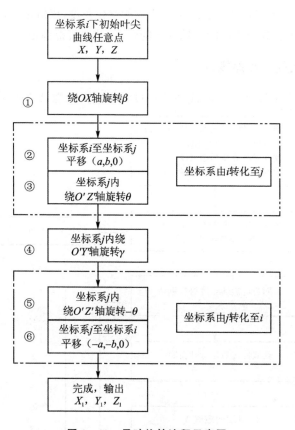

图 3 - 39　导叶旋转流程示意图

可以看出,导叶旋转过程由 6 个流程组成,分别对应 6 个基本运动:流程 1 是为了模拟导叶绕 OX 轴旋转 β,以进行旋转轴原点的优化(见图 3 - 37 与图 3 - 38);流程 4 是模拟导叶绕轴柄的转动,其中旋转角度 γ 的范围由导叶调节规律给出;流程 2、3 与流程 5、6 是坐标系 i 与 j 之间的转化,其分别由旋转 θ 与平移 $(a,b,0)$ 流程构成。

4. 导叶旋转函数

在获得导叶旋转过程的基本运动序列后,结合齐次坐标分析法,可以得出导叶旋转后叶尖坐标函数为

$$(X_1,Y_1,Z_1,1)^\mathrm{T} = \mathrm{Trans}(-a,-b,0)^{-1} \times \mathrm{Rotz}(-\theta)^{-1} \times \mathrm{Roty}(-\gamma)^{-1} \times$$
$$\mathrm{Rotz}(\theta)^{-1} \times \mathrm{Trans}(a,b,0)^{-1} \times \mathrm{Rotx}(-\beta)^{-1} \times (X,Y,Z,1)^\mathrm{T} \quad (3-29)$$

式(3-29)中的 6 个运动矩阵分别对应图 3 - 40 中的 6 个基本运动流程。式中,$(X,Y,Z,1)^\mathrm{T}$ 为初始叶尖坐标;$(X_1,Y_1,Z_1,1)^\mathrm{T}$ 为旋转后叶尖坐标;$(a,b,0)$ 为叶片

自身坐标系 j 的原点位置,由初始叶尖坐标中 $Z=0$ 的点确定;θ 为导叶旋转轴倾角(与 Y 轴的夹角);β 为初始叶尖曲线绕 OX 轴的优化角度,该值用于旋转轴原点位置的调整(见图 3-37);γ 为导叶绕旋转轴旋转的角度,其取值范围由导叶调节规律给定。

5. 导叶叶尖间隙和曲线设计

图 3-40 给出了导叶叶尖曲线和旋转过程中最大间隙 Δ 的计算方法。

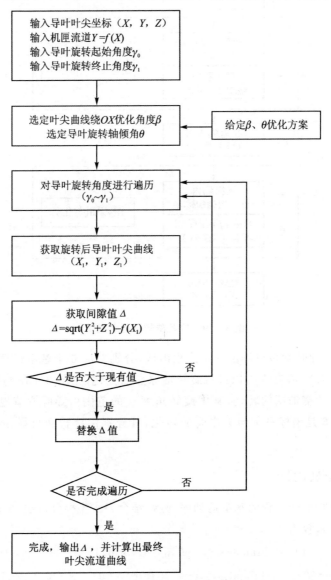

图 3-40 导叶叶尖曲线获取流程

该方法的思路是:在选定 β 和 θ 后,对导叶绕叶柄的旋转角度 γ 进行遍历,应用可调导叶旋转建模方法计算旋转后的叶尖坐标值,进而获得相应的间隙值 Δ。在遍历的过程中,找出间隙 Δ 的最大值,那么最终的所需叶尖曲线即为原始曲线减去最大间隙值 Δ_{max}。

可以看出,对于导叶叶尖间隙的优化来讲,需要优化的参数仅有 2 个:

① 叶尖曲线绕 OX 轴旋转角度 β;

② 导叶旋转轴倾角 θ。

通过对不同的 β 与 θ 进行组合,即可实现可调导叶叶尖间隙的优化。

6. 算例分析

基于前述章节给出的模型,采用 MATLAB 软件编制相应的设计程序,并对某型机第 1 级可调导叶进行叶尖间隙优化,本节将对优化分析结果进行简要介绍。

在某型机原设计中,导叶旋转轴为常规设计,未带倾角。导叶在旋转过程中前、尾缘的最大间隙均为 0.6 mm(见图 3-41 中 $\theta=0$ 的曲线)。

本算例尝试将旋转轴改为带倾角的设计,为此采用不同的 β 和 θ 组合进行间隙计算。

图 3-41、图 3-42 给出了不同的 β 和 θ 角度组合下,导叶旋转过程中的最大叶尖间隙(仅示意部分 β 与 θ 组合的结果)。图中横坐标代表叶尖各点的轴向相对坐标,即 $(X - \mathrm{Min}(X))/(\mathrm{Max}(X) - \mathrm{Min}(X))$,纵坐标表示导叶旋转过程中的最大间隙。

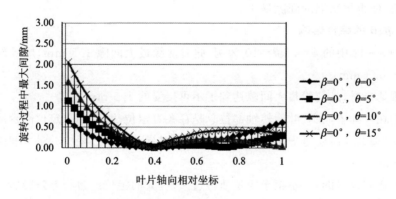

图 3-41　可调导叶叶尖间隙优化结果($\beta=0°$)

(1) β 的影响

β 可以调节导叶旋转轴的位置,当其从 0°增加至 2°时,相应的旋转轴轴向相对坐标由 0.4(见图 3-41)减少为 0.2(见图 3-42)。

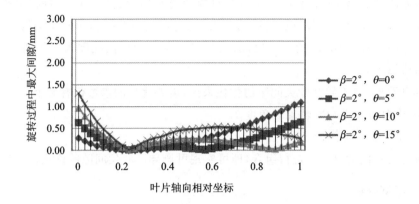

图 3 - 42　可调导叶叶尖间隙优化结果(β=2°)

与此同时,导叶前缘与尾缘的叶尖最大间隙呈现此消彼长的规律。这是由于旋转轴横向坐标的变化,改变了前缘与尾缘至旋转轴的距离。显然,距离增加的尾缘,其间隙增大;而距离缩小的前缘,其间隙得到抑制。

由此可以得知,在不考虑旋转轴倾角的常规设计中(见图 3 - 41 与图 3 - 42 中 θ=0 的曲线),所能得到的最优结果为前、尾缘具有相同的间隙。对于本算例,前、尾缘最大间隙约为 0.6 mm(见图 3 - 41 中 θ=0 的曲线)。

(2) θ 的影响

对于前缘:θ 增大,将导致前缘端的最大间隙显著增大。

对于尾缘:随着 θ 增大,尾缘端的最大间隙呈现先减小后增大的趋势,即存在着最佳 θ 值,使得尾缘端的间隙最小。

(3) β、θ 的综合影响

以图 3 - 42 中的 β=2°、θ=10°为例,此时前缘最大间隙 1.5 mm,尾缘部分最大间隙小于 0.3 mm。

直观地来看,其前缘最大间隙达到了不可接受的 1.5 mm。

然而在实际中,在导叶旋转轴部位总是存在着定位凸台,如果定位凸台能够覆盖整个前缘,那么仅需要考虑尾缘的间隙问题,此时导叶旋转过程中的最大间隙将减少为 0.3 mm。

为了达到该目的,又不至于定位凸台过大(过大的定位凸台将导致旋转过程中流道不光顺,存在倒台阶),需要将旋转轴向前缘移动。在图 3 - 42 的 β=2°、θ=10°中,旋转轴位于 0.2 mm 处。

采用带旋转轴倾角、旋转轴前移的方法,对某型机第 1 级可调导叶进行了旋转轴优化,最终将旋转过程中可调导叶的最大间隙由常规设计的 0.6 mm 降低为带倾角设计的 0.3 mm。

| 3.5　双合金轮盘应用 |

　　航空发动机离心叶轮工作条件极其特殊,盘缘接触高温气体,工作温度约为 450～600 ℃,需要具有良好的持久性、抗蠕变性和抗疲劳裂纹扩展力;与之相反,盘心工作温度相对较低,但承受较大的离心应力,需要具有较高的屈服强度和低周疲劳性能。这就要求盘体在不同的区域具有不同的性能,以保证其在各自区域的工作需求,即盘缘可以承受高温负荷、盘心可以承受高应力。然而目前常规的单合金叶轮受材料性能的限制已经无法满足这种苛刻的工作环境,双合金轮盘就是在这种设计思想下产生,并不断发展的。双合金轮盘制造技术充分优化了压气机盘结构设计,有效地避免了通过增加盘体厚度的方式来保证材料稳定性,实现了发动机的减重。普·惠和霍尼韦尔公司联合研发的最先进的 T900 涡轴发动机的离心叶轮采用了该种技术,该种叶轮可以减轻叶轮重量和惯性矩,改善发动机转子的加速性,减小发动机起动力矩,如图 3－43 所示。双合金轮盘符合发动机压气机盘工况特点,使材料的性能潜力得以充分发挥、盘件结构效益得到优化、盘体质量得以减轻、发动机推重比得到提高。因此,使用双合金轮盘是发展大推重比发动机不可或缺的关键技术之一,但目前制造技术尚不成熟,仍需不断改进、完善和发展。

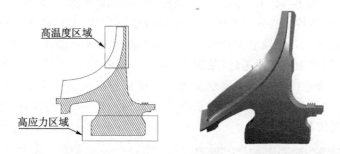

图 3－43　双合金离心叶轮工作环境示意图(左)与双合金盘模型设计示意图(右)

| 3.6　增材制造技术 |

　　增材制造技术又称 3D 打印技术,是依据三维模型数据将材料连接制造成实物的过程,相对于减法制造,它是逐层累加的过程,是全球先进制造技术领域兴起的一项集光、机电、计算机、数控及新材料于一体的先进制造技术。与传统制造技术相比,增材制造技术具有柔性高、无模具、周期短、不受零件结构和材料限制等一系列优点,其打印出的零部件材质致密,不存在宏观偏析和缩松,且具有较高的性能,因此被广泛应用于涡轴涡桨发动机整体叶盘、压气机机匣、燃烧室喷嘴、涡轮叶片等零件的研制中。

目前,金属增材制造技术所使用的热源有 3 类:激光、电子束和电弧。其中激光增材制造技术在航空领域应用较为广泛,发动机方面,主要用于损伤零件的修复和复杂零件的制造,美国 Optomec Design 公司采用激光成型技术进行了 T700 发动机零件的磨损修复;美国 GE 公司在航空发动机中应用 3D 打印技术走在其他公司的前列,并且专门成立了 GE 增材制造子公司,从燃油喷嘴到中框架机匣,甚至 Catalyst 涡桨发动机的大部分零组件,都采用了 3D 打印技术,显著减少了零件数,降低了加工难度,提高了可靠性,图 3 - 44 所示的 CT7 发动机中框架采用 3D 打印技术后,可以将 300 个左右的零件集成为一个零件,进一步展示了 3D 打印技术的巨大优势;瑞士洛桑联邦理工学院采用激光成型技术进行了单晶涡轮叶片的修复;罗·罗公司也利用该技术进行了发动机零部件包括机匣、蜂窝结构件、异型管等零件的试制,并进行了可行性验证。

图 3 - 44　GE 公司 CT7 发动机 3D 打印中框架机匣示意图

国内增材制造技术在发动机领域尚未获得成熟应用,但已用于涡轴涡桨发动机预研、技术验证阶段。中国航发动研所研制某型高功重比涡轴发动机的过程中,在其部件试验件所用的轴流机匣毛坯(见图 3 - 45)上采用了 3D 打印工艺,缩短了生产周期,取得了较为理想的效果。中国航发动研所研发的某大功率涡桨发动机低压压气机前轴承机匣由于其复杂的结构,也采用了基于 3D 打印工艺的设计,如图 3 - 46 所示,目前正在开展加工。

图 3 - 45　某高功重比涡轴发动机
轴流机匣 3D 打印毛坯

图 3 - 46　某涡桨发动机低压压气
机前轴承机匣 3D 打印模型

| 3.7　先进整体叶盘修复技术 |

为了适应现代航空发动机的高可靠性、低成本的要求,发动机结构设计向整体化、轻质化方向发展。其中,在发动机风扇、压气机、涡轮上采用整体叶盘(blisk)结构(包括整体叶轮、整体叶环等)是提高发动机性能、简化结构、降低重量、减少故障率、提高耐久性与可靠性的重要措施。对于涡轴发动机尤其如此,压气机部件多采用轴流加离心的组合方式,目前轴流叶轮和离心叶轮一般都采用整体叶轮。

由于整体叶盘结构设计复杂,通道窄、叶片薄、弯扭大、易变形,同时制造材料主要是钛合金、高温合金等难加工、难变形贵重金属,使得整体叶盘的制造困难、成本高昂。叶盘制造过程中一旦出现误加工损伤,尤其是叶身误加工损伤,常常导致叶盘的整体报废;同样的,叶盘在服役过程中转子叶片遇到外物打伤或因振动叶片出现裂纹,就有可能因为一个叶片损坏而导致整个叶盘报废。无论是误加工损伤还是服役损伤,将导致时间和物力的巨大损失。因此,整体叶盘的修复技术就成为整体叶盘扩大应用亟待突破的瓶颈技术。

3.7.1　整体叶盘主要损伤特征

压气机转子叶片在工作中承受很大的离心力、气动力和振动应力作用,随着压比的不断提高,离心叶轮还承受着温度载荷。据统计,在发动机零部件的失效事件中,转子叶片占 70%。转子叶片的失效模式随工作条件的不同而有所不同,主要包括外物损伤、变形伸长和断裂 3 种。

叶片的外物损伤主要由沙石、冰块、金属块和飞鸟等外物磨蚀、冲击与撞击作用而造成的,损伤后表面一般表现为凹坑、掉块、表面剥落、弯曲变形、裂纹和折断等,如图 3－47 所示。转子叶片变形伸长失效的直接后果是叶身与机匣发生碰磨,可能导致转子“抱死”,致使发动机空中停车,危及飞行安全。材料选用或热处理工艺不当、发动机超温或超转,都有可能导致转子叶片变形伸长。转子叶片断裂失效是危害性最大的损伤,主要为离心力叠加弯曲应力引起的疲劳裂纹,由振动环境引起的颤振、扭转共振、弯曲振动疲劳裂纹以及由环境介质和接触状态引起的高温疲劳、微动疲劳和腐蚀损伤导致的疲劳断裂。

综上所述,整体叶盘叶片的损伤部位主要在叶身前缘、叶尖、叶身及叶根,损伤特征一般为前缘受击伤发生卷边、开裂、掉块,叶型表面出现裂纹、叶身断裂或局部缺块等。

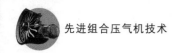

图 3 - 47　压气机叶片撞击(坑、缺损、弯/翘曲)损伤

3.7.2　整体叶盘修复技术

目前,国内外航空发动机整体叶盘修复的研究已经取得了不少进展。

1. 线性摩擦焊

线性摩擦焊最初主要应用于塑料的焊接。20 世纪 80 年代中期,英国罗·罗公司与德国 MTU 公司为研制 EJ200 发动机,发展了线性摩擦焊技术,并申请了线性摩擦焊修复整体叶盘的专利。

线性摩擦焊属于固态连接技术。在焊接过程中,由于零件的高温是通过两配合面间的相互高频振荡产生的,焊接处的材料并未熔化,无焊接弧光和飞溅,因此不会出现一般焊接中易发生的脱焊现象,连接处也不见焊缝。

采用线性摩擦焊制造整体叶盘时,叶盘根部和轮盘的连接处通常留有余量,焊接后采用机加方法去除,线性摩擦焊制造整体叶盘的过程如图 3 - 48 所示。参照整体叶盘的制造方法,采用线性摩擦焊修复断裂(含缺块)叶片的工艺过程是首先将损伤叶片切去,同时在切除处重建焊接用凸台,并采用线性焊接方法将新叶片焊接到叶盘上,最后通过机加方法去除焊接凸台以恢复叶型轮廓尺寸。

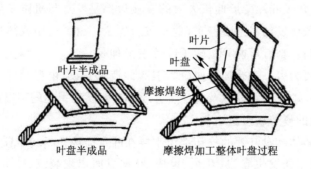

图 3 - 48　线性摩擦焊制造整体叶盘过程示意图

国外实践表明,线性摩擦焊接技术是制造钛合金宽弦风扇叶片整体叶盘结构行之有效的方法。整体叶盘线性摩擦焊接技术在欧洲战斗机 EJ200 的 3 级风扇整体叶盘制造中的成功应用,标志着线性摩擦焊接技术的应用达到了登峰造极的程度。目前罗·罗公司和 MTU 公司已用该技术成功地制造了钛合金宽弦风扇整体叶盘,并为欧洲战斗机(Typhoon)提供线性摩擦焊接的整体叶盘。美国 F-35 战斗机所用 F135 发动机也采用线性摩擦焊接的整体叶盘结构。2003 年,罗·罗公司为处在系统开发与验证(SDD)阶段的 F135 发动机生产并交付了第一个风扇整体叶盘。

2. 激光熔覆与激光成形修复

(1) 激光熔覆

激光熔覆可实现在材料上覆盖高性能覆层(耐磨、耐高温和耐腐蚀等)。在航空航天领域,激光熔覆可用于高温合金、钛合金与合金钢零件的表面局部强化.修复零件磨损表面,消除零件铸造缺陷,愈合零件服役产生的早期微裂纹。激光熔覆修复的优点主要体现在工艺自动化、热应力和热变形小等,通常用于修复一些深度无法直接测量的非穿透性裂纹,所采用的工艺是根据裂纹情况多次打磨、探伤,将裂纹逐步清除,打磨后的沟槽用激光熔覆添加粉末的多层熔覆工艺填平,即可重建损伤结构,恢复其使用性能。

(2) 激光成形修复

激光成形修复技术的基础是激光熔覆表面技术和快速成形技术,其原理是以损伤零件为基体,通过计算机控制激光头、送粉喷嘴(或送丝头)以及工作台按指定空间轨迹运动,在待修复区域逐层积粉末或丝材,最后生成与缺陷部位形近的三维实体。

GE 公司也在进行整体叶盘修复技术的研究,已申请了利用激光熔覆修复整体叶盘的专利,并致力于推动该技术进一步获得实际应用。

在我国,主要是西北工业大学、北京航空航天大学、清华大学、华中科技大学、北京有色金属研究总院等针对钛合金、高温合金结构的激光快速成型开展了研究。其中近年来,西北工业大学对 TCA 钛合金叶片的叶身前缘、阻尼台的缺陷及磨损进行了激光成形修复研究,在保证激光修复区与基体形成致密冶金接合的基础上,实现了叶片形位的良好恢复。中国航发动研所研发的"玉龙"涡轴发动机压气机一级叶片修复工作也为整体叶片盘修复技术提供了丰富的工程经验。

3.7.3　整体叶盘修复技术的适用性分析

以上介绍的几种修复技术有各自的特点和优势,在实际应用过程中,应根据整体叶盘不同的损伤特征选择性地使用。

激光熔覆较适合于整体叶盘表面裂纹、表面腐蚀点和表面凹坑等损伤的修复。钨极氩弧焊、线性摩擦焊可用于整体叶盘叶身断裂或缺块的修复,但钨极氩弧焊容易出现各种焊接缺陷,对工件性能影响较大,在使用上受到一定的限制,因此,线性摩擦

焊是整体叶盘叶片替换式修复的主要方法和发展方向。激光成形修复优点明显,可以用于整体叶盘前缘损伤和型面较大面积损伤的修复,尤其是激光成形修复技术具有能够实现工艺自动化、修复过程可控和修复效率高等特点,更决定了其未来在整体叶片损伤修复领域的广阔应用前景。

但同样的,对于我国来说,激光成形修复所用的高端粉末 80% 以上需要依赖进口,同时还需要解决形体结构恢复问题以及维修区域冶金完整性和组织偏离问题等;线性摩擦焊则需要解决工艺设计基础问题以及组织和性能调控等问题。这些都是需要重点关注的地方。

| 参考文献 |

[1] 罗尔斯·罗伊斯公司.EGD－3spey MK202 发动机应力标准[M]. 丁爱祥,吴君,译.北京:国际航空编辑部,1979.

[2] 徐磊. 基于遗传算法的多目标优化问题的研究与应用[D]. 长沙:中南大学,2007.

[3] 童丽飞,张森. 飞机挡轮结构优化设计[C]//Altair 2012 HyperWorks 技术大会论文集,2012.

[4]《中国航空材料手册》编辑委员会. 中国航空材料手册(第2版)第4卷 钛合金铜合金[M]. 北京:中国标准出版社,2002.

[5] 何雪涛,程源,黄钟,等. 齐次坐标变换在空间机构分析中的应用[J]. 北京化工大学学报(自然科学版),1999,26(1).

[6] 朱如鹏. 机械原理[M]. 北京:航空工业出版社,1998.

[7] 张启先. 空间机构的分析与综合(上册)[M]. 北京:机械工业出版社,1984.

[8] 张洪彪.航空发动机设计手册(第8册)[M].北京:航空工业出版社,1999.

[9] 景晓明,陈永光,贺飞,等. 一种可转静叶的叶尖型线设计方法和应用:201410702706.2.201[P]. 2017.

[10] 贺飞,陈国智,温泉,等. 涡轴发动机叶片调节机构设计及应用[J]. 航空动力学报,2007,22(2),332-336.

[11] 张启先. 空间机构的分析与综合(上册)[M]. 北京:机械工业出版社,1984.

[12] 陶春虎,钟墙道,王仁智,等.航空发动机转动部件的失效与预防[M].北京:国防工业出版社,2008.

[13] 李赢宁,陈传忠.激光熔覆技术在航空领域中的研究现状[J].航空制造技术,2010(5):51-54.

[14] 林鑫,薛蕾,陈静,等.钛合金零件的激光成形修复[J].航空制造技术,2010(8):55-58.

[15] 柳万珠,陈贵林,梁忠效，等.压气机转子叶片类零件的制造与修复技术[J].航空制造技术,2010(22):36-39.

[16] Brownell J B ,Gillbanks P J , Hawkins R J , et al. Method For the Manufacture or Repair of a Blisk by Linear Friction Welding:US6095402 [P]. 2000.

[17] Wayte P , Broderick T F. Method for Rrepairing a Damaged Blade of a Blisk:US7249412[P]. 2007.

[18] Peng L，Yang T，Sheng L，et al. Direct Laster Fabricetion of Nickel Alloy Samples[J]. International Journal of Machine Tools&Manufacture,2005,45(11):1288-1294.

[19] Liu Y H,Chen J,Zhang Q,et al. Microstructure Characteristics of Laster Forming Repaired Ti60 Alloy[J]. Chinese Optics Letters,2011,9(7):4.

第 4 章

压气机试验与测试技术

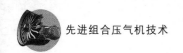

本章主要介绍中小型航空发动机压气机试验与测试的相关技术。压气机试验是在压气机试验台上模拟压气机工作条件，得到压气机性能参数，验证压气机设计方法的技术活动。压气机试验与测试技术是集流体力学、热力学、计算机、电子学、控制学、材料学、结构力学等为一体的综合性学科。压气机试验与测试技术是由试验测试设备、试验测试方法、试验软件、试验数据库以及试验管理平台等组成的复杂技术体系，随发动机研制需求的牵引而发展。近年来，随着压气机向高压比、高效率和高可靠性方向发展，以及试验对象和试验项目不断丰富，对试验与测试技术的要求达到了新的高度。中国航发动研所的压气机试验器具有较强的试验能力，目前可以满足200～5 000 kW 量级涡轴/涡桨发动机压气机的试验验证需求。

4.1　试验技术简介

4.1.1　压气机试验类型

在大气进气条件下，压气机试验可分为以下三类：

① 全尺寸压气机试验；

② 模型压气机试验；

③ 研究性压气机试验。

全尺寸压气机试验目前在工程领域开展得较多，根据不同的分类方法，全尺寸压气机试验可分为以下类型：按动力驱动轴数量可分为单轴压气机试验、双轴压气机试验；按排气涵道数可分为单涵压气机试验、双涵压气机试验；按进气条件可分为地面、高空和高温、高压压气机试验；按试验项目可分为基本性能试验、导叶优化试验、级间放气/引气试验、进气畸变试验、机匣处理试验、流动控制试验以及噪声研究试验等。

4.1.2　压气机试验方法

以压气机基本性能试验为例,在完成试验前静态检查和机械运转调试后,压气机特性线录取分两步完成。

① 第一步,录取压气机不逼喘特性。

按转速从低到高的顺序依次录取,低转速下录取特性线在相对共同工作点±5％的压比范围,高转速下录取特性线在相对共同工作点±10％的压比范围,如图 4-1和图 4-2 所示,具体步骤为:

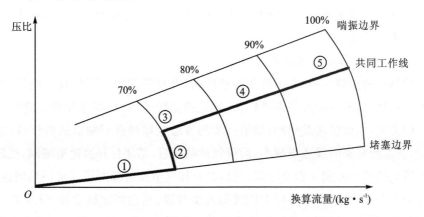

图 4-1　推转速方法

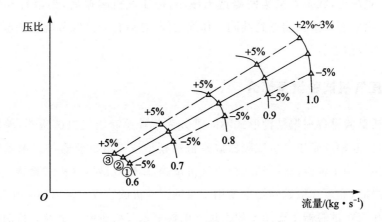

图 4-2　录取特性线方法

在低于慢车转速时,打开排气节流装置、引气/放气阀门,可调导叶角度关到最小,即沿近堵点状态推到指定转速后,保持转速稳定,调整排气节流装置至相对共同工作点压比-5％附近的状态点,停留一段时间待效率稳定(30 s 内效率变化

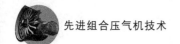

不大于 0.1%），数采系统记录各测量参数，然后再逐步关小排气节流装置至下一个状态点。试验时各状态点的间隔以该转速下共同工作点压比的 5% 偏差为宜，试验现场可视情况选取录点间隔规律，保证每条特性线录取不少于 7 个状态点。

特性线录取完成后，保持可调导叶角度不变，逐步打开排气节流装置至压气机回到堵点状态，然后上推转速录取下一条特性线。

高于慢车转速后，为避免堵点叶片颤振，需沿共同工作线附近推转速，到达指定转速后，逐步打开排气节流装置至相对共同工作点压比 $-15\%\sim-10\%$ 的状态点，按相同的方法录取特性线。特性线录取完成后，保持转速和可调导叶角度不变，逐步打开排气节流装置至压气机退回到共同工作线附近，热稳定后沿共同工作线上推转速，录取下一条特性线。

② 第二步，录取压气机喘振边界。

录线具体的步骤为：在低于慢车转速时，打开排气阀门、引气/放气阀门，可调导叶角度关到最小，沿近堵点状态推转速，到达指定转速后，可调导叶按设计要求调整到相应的角度，关闭快速退喘阀，按第一步的方法录取堵点到喘点的特性线，在近喘点附近，状态点采集间隔适当减小，待压气机喘振后，迅速打开快速退喘阀，使压气机状态回落到喘点到共同工作线之间，然后打开排气节流装置至压气机回到堵点状态。

在高于慢车转速时，沿共同工作线附近推转速，到达指定转速后，逐步打开排气节流装置至堵点，此过程中关闭快速退喘阀，按第一步的方法录取堵点到喘点的特性线，在近喘点附近，状态点采集间隔适当减小，待压气机喘振后，迅速打开快速退喘阀，使压气机状态回落到喘点到共同工作线之间，然后打开排气节流装置至压气机回到共同工作线附近。

4.1.3　压气机试验设备简介

压气机试验设备根据结构形式不同可分为单轴单涵压气机试验器、单轴双涵压气机试验器、双轴双涵压气机试验器以及低速模型压气机试验器等。单轴单涵压气机试验器主要用于轴流、离心和组合压气机试验，单轴双涵压气机试验器主要用于风扇试验，双轴双涵压气机试验器主要用于双轴压气机试验或双涵风扇＋压气机试验，低速模型压气机试验器主要用于放大尺寸的模型压气机研究性试验。目前国内中小型发动机压气机部件试验器大多是开式单轴单涵压气机试验器。图 4-3 所示为中国航发动研所某单轴单涵压气机试验器系统组成图，压气机试验器主要由进气系统、排气系统、动力系统、传动系统、测试系统、电气控制系统、平衡轴向力系统、压缩空气系统、滑油系统、冷却水系统等组成。

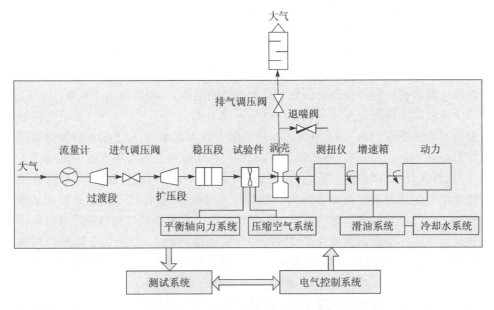

图 4-3　单轴单涵压气机试验器系统组成图

4.2　压气机喘振识别与退喘技术

在压气机气动性能试验中,录取喘振边界是一项高风险试验项目。目前,国内大多压气机试验器基本靠试验人员手动进行逼喘和退喘操作,这种方法虽然可以保证在试验过程中出现异常情况时能依据人员经验的判断进行灵活地应对,但是这种方法也有很多弊端,比如较高的人工成本,经验和操作的差异性会对试验结果造成影响,以及不可避免的误判和误操作等。因此,科研人员一直希望设计一套稳定、可靠的喘振监测和自动退喘系统,以提升压气机气动性能试验的安全性。近年来,随着压气机主动稳定性控制概念的不断深入,在压气机稳定性测试、失稳(主要是喘振)特征分析和试验防喘控制等方面的研究也取得丰硕成果,从而推动喘振识别和自动退喘控制等试验技术的发展。20 世纪 70 年代,Greitzer 提出喘振动态模型和稳定性判别参数(B 参数),用于识别压气机失稳类型,并在某轴流压气机上成功运用。1997 年美国 NASA 的 Michelle 和 Bright 利用混沌理论中的相关积分法分析高速压气机级间动压信号,发现其相关积分值在旋转失速发生前较长时间就明显地下降,而且这一方法可以用来判别压气机失稳形势并进行提前预警。张靖煊用方差分析法对两组低速轴流压气机失稳数据和一组北航单级低速轴流压气机失稳数据进行分析,结果表明动态压力的方差值在失稳以前有一个明显的增长过程,对压气机失稳能够起到预警作用。目前,国外很多压气机试验的安全健康监测系统已经具备自动退喘功能,

GE 发动机公司利用相关系数法在一个低速单级压气机试验器上实现喘振自动识别和自动退出功能,后来又有文献记录相同的方法在一个低速四级压气机试验器和一个高速轴流压气机试验器上成功运用,MTU 公司的高压压气机试验器、低压压气机/风扇试验器的安全健康监测系统也都具备喘振识别和自动退喘功能,但是,目前国内这一技术仍然停留在理论研究和技术验证的地步,工程应用尚不成熟。

中国航发动研所也在压气机自动退喘系统方面进行了初步研究,某压气机试验自动退喘系统原理如图 4-4 所示。与传统的动态测试相比,用于喘振预警的测试要求相对简单。首先,测试传感器数量少,只需要在压气机进出口各布置一支动态压力传感器;其次,传感器采样率低,一般取 500~1 000 Hz 即可满足要求,国外同行建议采样率设置保证能录取到 40%~60% 的叶片通过频率,这样信号能更完整地显现喘振特征。压气机试验自动退喘系统的关键技术在于喘振识别以及稳定可靠的传感单元和执行单元。喘振识别建立在对喘振特征的准确判断上,目前关于喘振识别的方法很多,有时域分析方法、频域分析方法和时频域分析方法等,由于自动退喘控制系统对系统的实时性要求比较高,一般要求执行器在发生喘振后 1~2 s 内做出响应,因此算法相对简单的时域分析方法和频域分析方法在工程上应用较普遍。大量的试验研究表明,不同的试验件,不同的试验设备,压气机失稳特征各有差异,因此很难找到一种通用有效的方法,只有通过大量的数据分析和经验积累,才能促进这项技术的日益成熟。

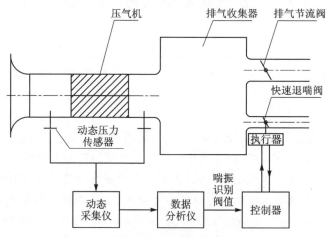

图 4-4 压气机试验自动退喘系统原理图

| 4.3 进气调节与稳流技术 |

进气系统是压气机试验器的重要组成部分,用于模拟压气机进口工作环境。进气系统的出口流场参数的不均匀度会影响试验测量,其深度发展会造成压气机进口压力、温度畸变,影响压气机性能录取试验的准确性。

现今航空发动机压气机正在以高压比、高效率、大流量以及宽裕度为目标不断发展,对试验条件和试验设备也提出了更高的要求。压气机气动性能试验的相关标准文件对压气机入口总压和湍流度等指标参数有明确规定,为准确获取压气机的性能曲线和稳定工作状态,研究压气机试验器进气系统,调节进气流场以得到满足压气机试验要求的流场品质,具有重要现实意义。

4.3.1　进气调节技术

(1) 进气节流

在压气机试验过程中,当试验件的扭矩超出驱动装置的输出扭矩范围,或试验件的试验物理流量超过试验器正常试验范围时,为达到实验目标以及确保试验安全性,需要采用关小进气节流阀、减小节流比的试验方法。

进气节流后压气机进口压力变低,出口的压力成比例降低,加上排气部分的损失,出口压力必须大于大气压才能顺利排出,因此对于试验件确定状态下的节流比有一定限制。

压气机叶栅的临界雷诺数通常在$(2.5 \sim 3.5) \times 10^5$ 范围内,等于或大于这个值,雷诺数对压气机性能影响不大。当压气机试验采取进气节流时,进入压气机的空气密度随之减小,雷诺数降低。当雷诺数小于临界雷诺数后,压气机的工作轮和整流器的阻力系数增大,压气机效率降低,稳定工作裕度减小。因此当节流比小于 0.3 ～0.4 时,必须考虑雷诺数对压气机试验的影响。

进气节流一般通过在进气系统上安装节流阀来实现。进气节流阀的选型和安装一般要考虑阀门本身的调节特性和流阻,阀门对进气流量测量的影响,以及对进气系统出口流场特征参数(如总压不均匀度、湍流度等)的影响等因素。早期的调节阀门较多的选用百叶窗阀或闸阀,这种阀门流阻损失小,但调节精度和密封性一般较差,对节流比或进气雷诺数的精细控制能力较差。现如今较多选用调节蝶阀或直通阀,这类阀门的流通性好,调节精度高,其较高的密封性也可当截止阀用,实现进气系统不同进气源的切换。

(2) 高空进气环境模拟

进行地面条件下的压气机试验时,进气系统直接以大气作为试验用气。为得到不同飞行高度下的压气机工作状态数据,进气系统需要提供对应高空环境下的进口条件。

高空环境的温度较低且远低于一般地面环境温度,因此进行高空条件下的压气机试验时,气源站提供低温气和常温干燥气。中国航发动研所设计的来流可变的进气系统原理图如图 4-5 所示,低温气进入主气流管路,常温干燥气进入掺混气管路,两路气流进入掺混器掺混。通过调节混合器前的调节阀门的开度,改变两路供气的流量,来调节供气温度;通过旁路放空阀和混合器后的主、辅调节阀的阀门开度,来调

节供气压力、供气流量,得到的气流经过进气管路和稳压箱的整流后,流入压气机。

由于进气温度范围比较广,为了降低管内气体与外界空气的热交换、提高试验精度,进气系统的所有部段都要做保温处理。

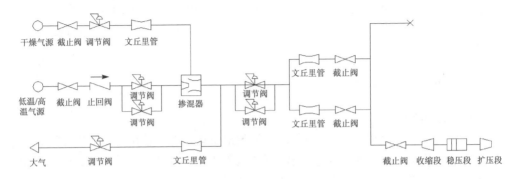

图 4-5 来流可变的进气系统原理图

4.3.2 进气系统稳流技术

(1) 独立式进气室设计

常见的压气机试验器较少将进气室独立设计,排气系统和试验件产生的高温油气可能会回流至试验器进口,影响进气品质。为保证进气品质,最好将进气室单独设计且与排气段隔离,如图 4-6 所示。

压气机试验要求进气清洁,在自然进气条件下,进气室的高度一般设计较高。气流自上而下进入进气室,在进入流量管之前要经过 90°的转折,为控制这一阶段的气流偏转状态,降低流量管前流动区域的紊流程度,应在进气室内转弯段设置导流片和整流网。

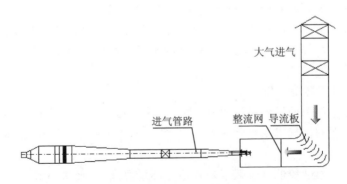

图 4-6 带独立进气室的压气机试验器进气系统示意图

(2) 全流道无突扩进气通道设计

由于厂房条件的限制,进气管道与稳压箱连接处形成突扩,会在稳压箱的外环区域产生旋涡结构,对主流区流体的速度分布以及蜂窝器和阻尼网的整流效果产生了影响,降低了流场品质。

为消除突扩结构对流场的不利影响,在保证稳压箱内部流速满足设计规范要求的前提下,应减小稳压箱直径,使得扩压段与稳压箱等直径过渡。

消除试验件的热膨胀,试验件和收缩段一般采用胶皮与导流盆配合的软连接方式。气流在经过导流盆进入试验件时,会在导流盆外围区域产生旋涡,导致外围旋涡的流体被带入压气机进气口。

航空发动机高空台及风洞设计中常采用收缩型面实现较高的总压恢复系数和低紊流度,得到高品质的流场。在压气机试验器进气系统出口端也可采用收缩段,对稳定段出来的气流进行收缩加速,并保证流场品质。

中国航发动研所发展了一种新型收缩段设计,如图 4-7 所示,收缩段入口为稳定段出口,收缩段出口为压气机试验件入口。为了适应不同的压气机试验件入口,将收缩段设计为两段,分别为第一收缩段和第二收缩段,两个收缩段之间设置一个膨胀节,用来消除轴向的热膨胀变形和径向不同心偏差。

收缩段型面采用双三次收缩曲线,如图 4-8 所示。

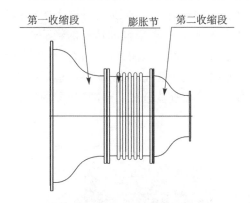

图 4-7　进气系统收缩段示意图

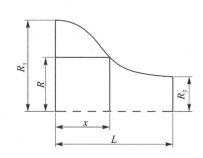

图 4-8　双三次收缩曲线示意图

双三次收缩曲线计算公式如下:

$$\frac{R-R_2}{R_1-R_2}=\begin{cases}1-\dfrac{1}{x_m^2}\left(\dfrac{x}{L}\right)^3, & \dfrac{x}{L}\leqslant x_m\\[4mm]\dfrac{1}{(1-x_m)^2}\left(1-\dfrac{x}{L}\right)^3, & \dfrac{x}{L}\geqslant x_m\end{cases} \qquad (4-1)$$

式中,R_1 为收缩段入口截面尺寸;R_2 为收缩段出口截面尺寸;R 为轴向距离为 x 处的截面尺寸;x_m 为两曲线前后连接点;L 为收缩段长度。

图 4-9 对比了有突扩流道和无突扩流道进气系统的流场,可以看出,无突扩设计的进气系统内旋涡结构消失,流动状况得到明显改善。

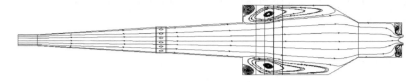

(a) 有突扩流道进气系统流线分布

(b) 无突扩流道进气系统流线分布

图 4 - 9　进气系统流场示意图

(3) 大扩张角扩压段设计

为抑制流动过程中的近壁面气流分离,压气机试验器进气系统的扩压段扩张角一般为 6°～8°。一般情况下,扩散段扩散角大于 5°、面积比大于 2,就有可能产生气流分离。但对于试验流量范围较大的压气机试验器,进气扩压段采用过小的扩张角会使轴向尺寸太长,从而占用较大的空间尺寸,影响试验器建设和运行的经济性。

为尽可能减小稳定段上游管道尺寸,稳压箱之前通常采用大扩张角扩压段设计。如图 4 - 10 所示。在大扩张段,由于通道面积沿轴向变化较大,使得通道近壁面逆压力梯度较大,容易产生气流分离。为了抑制近壁面气流分离,会在扩压段内设置多层阻尼网或多孔板。

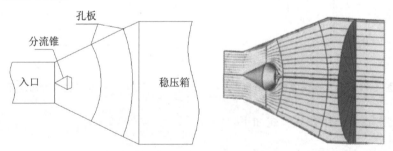

图 4 - 10　大扩张角收缩段示意图

| 4.4　压气机可调叶片和放气活门控制技术 |

航空发动机一般会采用可调进口导流叶片控制和级间放气等措施来提高压气机的稳定工作范围。在航空发动机上,控制器根据相应的控制计划对可调进口叶片和放气活门进行控制。在压气机部件研制阶段,为寻求最佳角度匹配及其规律,同时验证级间放气特性,可调导叶控制系统和放气活门控制系统成为压气机设备中重要的组成部分。本节内容主要涉及压气机试验器中应用的可调导叶控制技术和放气活门控制技术。

4.4.1 可调导叶控制技术

可调进口导流叶片控制系统(以下简称导叶控制系统)是为了满足发动机导叶控制规律及控制系统总体性能要求的一种重要的调节装置。为改善发动机性能,提高压气机喘振裕度,大多数高增压比轴流式压气机都采用可调导叶方式。

导叶控制系统经历了从开环控制向直接闭环控制的发展过程。早期阶段,由于传感器技术及自动化技术的限制,导叶控制系统采用人工操控按钮方式来调节导叶角度。近年来,随着试验器全自动化要求的提升和技术水平的发展,系统已逐渐过渡到自动化控制。

1. 开环型导叶角控制技术

中国航发动研所采用的开环型导叶角控制系统的结构如图 4 – 11 所示,该系统仅靠操作者输入指令执行导叶调节,是一种比较原始的伺服系统。操作者通过观察比较角度测量仪输出的导叶角度值与目标值后,人为操作控制器输入。一般的驱动部件采用步进电机,步进电机本质是一种同步电机,其接收到一个脉冲指令后,就在次脉冲所产生的同步转矩作用下旋转一个固定的角度,即步矩角。该系统的工作原理是将运动控制器的脉冲量转换为步进电机的角度增量,实现导叶角位移调节。

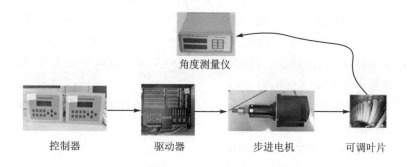

角度测量仪

控制器   驱动器   步进电机   可调叶片

图 4 – 11   手动型导叶控制系统

开环型导叶角控制系统具有结构简单、易于控制、成本低的优点,但可靠性和控制精度依赖于操控人员的熟练程度。

2. 闭环型导叶角控制技术

在闭环型导叶角控制系统中,控制器作为系统的核心部件,它能根据压气机试验系统的要求实时调整导叶角度。其工作原理为:根据压气机试验总体要求,控制器上输入折合转速与角度的对应关系,控制器根据其外部角度反馈和相应折合转速,按预定的算法进行计算,输出控制量给执行机构,最后实现角度控制。按执行机构的不同,国内应用于试验器的闭环控制系统主要有采用液动驱动方式的自动化控制和采用电动驱动的自动化控制。

(1) 采用液动执行机构的导叶控制技术

采用液动执行机构的导叶控制系统一般组成原理如图 4-12 所示,主要由转速、温度、位移传感器、单片机系统组成的控制板、机械液压部分组成,单片机系统作为控制系统的核心,通过一定控制算法对导叶角进行闭环调节。机械液压部分作为系统的伺服驱动装置,主要包括电液伺服阀、作动筒、液压油站等。

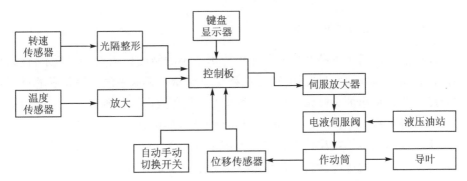

图 4-12　采用液动执行机构的导叶控制系统结构

液动执行机构使用液压油驱动,液体具有不可压缩的特性,这赋予了液动执行机构很好的抗偏移能力,调节非常稳定。液动执行机构的输出推力大、抗偏移性好、控制精确、响应速度快、运行稳定。同时操作过程中不会出现电动设备常见的打火现象,防爆性能要高于电动执行机构。

液动执行机构的驱动需要配备液压站和输油管路,相对于电动执行机构,液动执行机构造价高昂、体积较大、结构笨重。

(2) 采用电动驱动方式的导叶控制技术

采用电动驱动方式的导叶控制系统一般组成如图 4-13 所示,由控制部分、伺服驱动部分、电动执行机构部分以及调节机构组成。折合转速及试验控制曲线由上位机发送至控制器。执行机构选择电动缸作为执行器,控制器按照一定的控制方法计算后输出命令给伺服驱动器,伺服驱动器驱动电动缸动作,实现导叶角度的调节。导叶角度的测量一般选用角度编码器作为传感器,利用控制器对编码解码,并经数据标定处理后得到角度值。

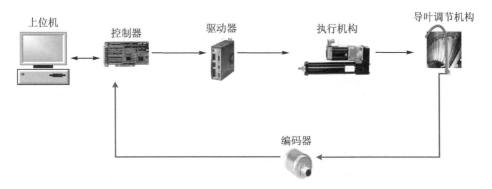

图 4 - 13　采用电动执行机构的导叶控制系统结构

　　伺服驱动器在控制系统中一方面作为控制系统的核心部件驱动电动缸动作,另一方面作为控制系统的保护中心,对导叶控制系统起到故障检测的作用,当发现有过载等故障信息时,伺服驱动器就会发出报警,同时伺服电机抱闸,实现试验过程中对导叶控制系统的保护。

　　近年来,电动执行机构的使用率越来越高、其成本适中、输出推力大、运行稳定,并且造价低于液动执行机构,性价比高。电动执行机构的参数控制非常精准,比较适合于高精度的导叶控制。目前,中国航发动研所已经自主开发了一型快速响应的闭环导叶控制系统,该系统可以在压气机试验器上模拟整机上的导叶控制、角度的控制和执行,具有很高的精度,极大简化了试验操作过程,并且系统的成本很低,具备行业推广的潜力。

4.4.2　放气活门控制技术

　　航空发动机级间放气控制由发动机控制系统实现,由电子控制器(硬件和控制软件)、放气活门(执行机构)、传感器和电缆等组成,电子控制器软件中预设放气调节计划,工作时,电子控制器采集发动机的进气温度、燃烧室进口压力、转子转速等信号,通过放气调节计划计算当前放气活门的面积需求,利用放气活门的打开面积与活门位置之间的关系获得位置需求,与来自放气活门的实时位置反馈(LVDT 信号)形成闭环控制,使其开度位置与需求位置保持一致,自动为压气机提供预期的放气面积进行放气。

　　在压气机试验中,放气活门由壳体、活门、驱动机构、喷嘴-挡板阀、LVDT、滤芯等组成。驱动机构(如上文中的步进电机、电动缸等)作为放气活门的控制压力,与来自压气机放气口的压力形成相互作用,利用力平衡原理,作用在活门上的力 ΔF 克服活门工作时的总阻力,推动活上上下移动,位移传感器 LVDT 实时反馈活门位置信号,通过控制器闭环控制,实现放气活门无级调节。

| 4.5 叶尖振幅测量技术 |

　　压气机叶片作为压气机的核心部件,保障其工作效率及安全运行具有重大意义。叶尖振幅测量技术主要包括叶片设计时振动性能测试和叶片工作时在线振动安全监测两个方面。在压气机的长期运行过程中,叶片除受到自身离心力作用外,还受到随时间不断变化的气流力等其他复杂的作用力。叶片容易发生振动,从而导致叶片疲劳,甚至出现裂纹、折断等故障。因此,对旋转叶片振动进行在线测量可以有效地掌握叶片振动及应力变化情况,从而为压气机的安全监测和故障诊断提供可靠的依据。

　　叶尖振幅测量技术多年来一直受到广泛关注。最早从 20 世纪 30 年代开始,美国 WESTHOUSE 公司对旋转叶片振动进行了在线测量,将一角锥棱镜固定在叶片顶部附近,通过将一束光照射到叶片顶部的角锥棱镜上并由原路返回照射到荧光屏上进行分析观察或照相,从而得到叶片振动信息。这种方法在实验室和现场中应用了 20 多年。对叶尖振幅测量技术不断研究的过程中,各种新型的叶尖振幅测量方法被不断提出。

　　叶尖定时法(blade tip-timing,BTT)是从 20 世纪 60 年代逐步发展起来的一项非接触式旋转叶片振动在线检测技术,当前仍然是该领域的研究热点,它是基于间断相位法、脉冲调制法的基础上发展起来的。间断相位法是 20 世纪 60 年代由苏联的 И. E. 萨勃洛斯基最先提出的;脉冲调制法是由法国的 R. G. Holz 最先提出的。叶尖定时测振技术的基本原理是在叶片顶端的机匣上安装叶尖定时传感器,利用传感器感受叶片的到来时间,由于叶片振动,叶片的到来时间会超前或滞后,通过不同的叶尖定时处理算法对该时间序列进行处理,即获得叶片振动信息。基于叶尖定时原理的旋转叶尖振幅测量原理图和系统框图如图 4-14 和图 4-15 所示。

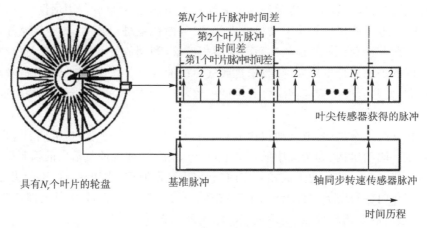

图 4-14　叶尖振幅测量原理图

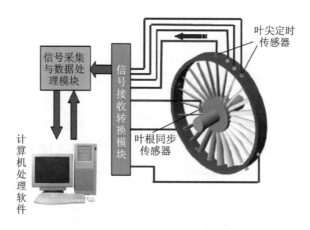

图 4 - 15　叶尖振幅测量系统框图

　　叶尖定时传感器主要功能就是将其安装在叶片顶端机匣上感受每个叶片的到来时刻,并将代表该时刻信号的物理量传输到后续的信号接收转换模块。为了满足旋转叶片不同工作环境的需求,国内外当前主要研究了光纤式、电容式等几种形式的叶尖定时传感器。下面分别对这几种叶尖定时传感器进行简单介绍。

（1）光纤式叶尖定时传感器

　　光纤式叶尖定时传感器的原理是将激光投射到叶片端面,通过感受叶尖反射回来的光强信号变化来获取叶片的到来时刻。光纤式叶尖定时传感器主要包括电路模块和光纤传感模块,其中光纤传感模块主要采用 Y 形光纤结构。如图 4 - 16 所示,Y 形光纤模块主要由发射端、接收端、光纤束、测头几个部分组成。其中,光纤束一般由一个发射光纤和排布其周围的多根接收光纤组成。为了满足更高精度要求,可在测头端面封装准直透镜。光纤式叶尖定时传感器要求传感器与叶尖之间无障碍,传感器与叶尖之间的间隙必须是透明的。该传感器具有结构小巧、信噪比高、响应快、精度高等特点。采用不同材质光纤,可以适应不同温度环境,例如采用普通石英光纤可耐 $200\sim300$ ℃,采用镀金光纤（gold fiber）可耐 650 ℃,若外加制冷系统或采用蓝宝石光纤,可在 $1\,000$ ℃ 以上使用。该传感器不能在有污染的环境下使用,须保持传感

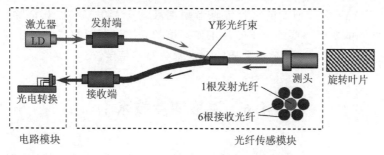

图 4 - 16　光纤式叶尖定时传感器

器测头端面清洁。

(2) 电容式叶尖定时传感器

电容式叶尖定时传感器的原理是根据传感器芯极与叶片端面间形成的电容变化来获取叶片的到来时刻。其结构主要包括同轴电缆和测头两部分,如图 4-17 所示。

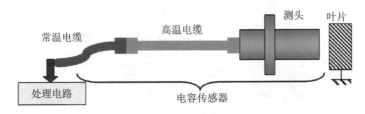

图 4-17 电容式叶尖定时传感器

为了满足耐高温、抗干扰等要求,测头主要由芯极、内外屏蔽、绝缘层组成,如图 4-18 所示。芯极、内外屏蔽采用金属材料,一般选择镍镉合金;绝缘层材料采用氧化镁或二氧化硅,与金属层烧结成一体。同轴电缆采用高温三同轴电缆和常温电缆级联而成。

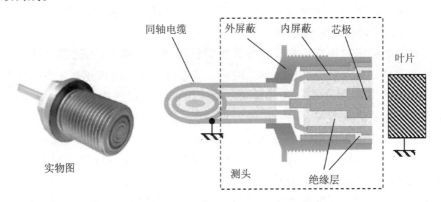

图 4-18 电容传感器结构图

电容式叶尖定时传感器具有很好的耐高压、耐高温特性,法国 FOGLE 和 THERMOCOAX 公司研制的电容传感器耐温高达 1 400 ℃。但其信噪比、响应时间相比光纤式的要差一些。由于叶片工作环境的介质可能影响芯极与叶端电容的大小,因此要求被测旋转叶片环境介质的介电常数基本稳定。

4.6 温度测量技术

随着压气机测试技术的发展,压气机转子叶片表面温度分布情况亟待研究,常规的温度测试手段已无法满足要求。本节主要介绍目前国际上比较先进的包括遥感测试技术和晶体测试技术的非接触测量,同时也介绍了动态温度测量的相关内容。

4.6.1　温度遥测测试技术

遥测测温是通信技术与现代测试手段相结合的一个高度自动化的产物,它是一门综合技术,应用了传感器技术、通信技术和数据处理技术。通过调制解调器实现运动部件与静止点之间的非接触式的双向信号传输及能量传输。

遥测系统由集成了传感器和放大器的发射模块、感应供电线圈、发射天线线圈、接受天线、接收模块等附件组成,如图 4 - 19 所示。

图 4 - 19　遥测系统(部分)

无线电遥测的原理是把所测到的旋转构件表面温度值转换成电信号,采用无线电调幅或调频的方法,通过发射天线将电信号发射到空间,然后利用所设置的接收天线接收信号,经过再次转换,使电信号还原成温度信号。旋转构件表面温度的无线电遥测装置主要由发射装置、接收装置两部分组成。发射装置处于压气机转子内部,其随压气机一起旋转;接收装置处于压气机静子件上,该部分与外部数采系统相连,同时通过感应的方式为转子件供电。其工作原理框图如图 4 - 20 所示。

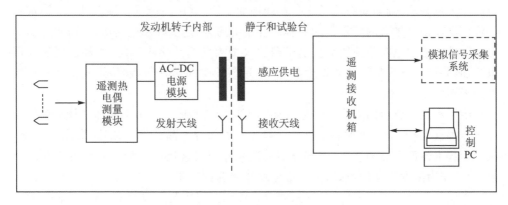

图 4 - 20　工作原理框图

利用遥测测温时,应注意以下事项:

① 中小型航空发动机的压气机叶片薄,进行热电偶填入改装加工存在一定困难,既要保证热电偶安装的可靠性,还要保证叶片的强度,需要进行反复试验和验证。

② 遥测系统发射装置的工作温度应控制在 100 ℃以内,并要求加装冷却装置对其进行冷却,因此发动机将进行相应的改装,此时就要综合考虑改装对压气机结构和性能的影响。

③ 复杂的装配工作会对测量引线有一定的破坏,加之发动机工作环境恶劣,试验中可能会出现个别温度测点的失效,提高测试有效性需要进一步研究。

4.6.2 温度晶体测试技术

随着现代航空工业的发展,航空发动机的推重比不断增加,工作温度不断提高,为了使发动机在越来越高的温度下能有效、持久地工作,需要对压气机各个部件的温度进行严格的监测,这使得高温测量成为压气机测试中难度较大、最迫切需要解决的关键技术之一,也使得各个发动机研究所不断创新和改进温度测试技术的方法和手段。近年来,在温度测试领域兴起了一种新的温度测试技术——晶体测温技术。

晶体测温是一种用中子辐照过的晶体为信息载体,通过建立起物性(一般用辐照晶体的晶格常数表征)与退火温度之间的函数关系,从而实现温度测量的技术。此技术仅需将辐照晶体传感器安装到待测点即可实施测温,可测量部件经历的最高温度,且尺寸较小,几乎不占用空间,无须引线连接,无须考虑测温环境是否狭窄、待测部位外形是否规则,对部件的拐角、凸起、凹陷等部位均可实施测温,还可以多点测量获得部件在最大状态下的温场分布。晶体测温技术基于辐照晶体自身温度记忆效应,本质是利用晶体缺陷的热稳定性,因此制作这种传感器最重要的工序是辐照,目的是引入具有特定热稳定性的各种缺陷。在中子辐照过程中,离位峰效应导致晶体局部区域产生大量缺陷,例如间隙原子、空位、间隙原子团、空位团、空洞、位错、层错等,破坏晶体原子周期性排列的特点。随着辐照注量的增大,离位峰发生的次数逐渐增加,非晶态区域的浓度也在不断增大。当辐照注量增大到非晶化阈值时,非晶态区域便可以叠加到一起,导致整个晶体发生晶态-非晶态转变,即辐照导致晶体晶格从有序性变为无序性,如图 4-21 所示。

中子辐照完成后的大块晶体还需要通过机械切割成一个个小晶体才能成为辐照晶体传感器,如图 4-22 所示。切割过程会使得部分小晶体发生崩边、断角的情况,从中筛选出各面完好的晶体,一部分用于试验标定出这批晶体物性与温度的对应函数关系,作为温度判读的依据,另一部分用作测温传感器。

在用辐照晶体进行温度测量时,需要将传感器与待测部件紧密接触。通常,利用高温胶将其粘贴于部件表面,如果条件允许,最好的方法是将被测部件开槽,把传感器嵌入其中,如图 4-23 所示。

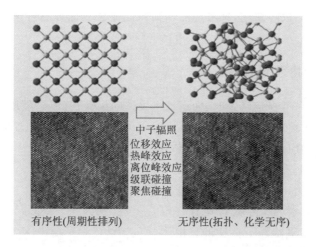

中子辐照
位移效应
热峰效应
离位峰效应
级联碰撞
聚焦碰撞

有序性(周期性排列)　　　　　　无序性(拓扑、化学无序)

图 4 - 21　晶体经中子辐照后的晶格变化示意图

图 4 - 22　辐照晶体传感器示意图

图 4 - 23　辐照晶体的安装方式示意图

　　辐照晶体测温过程中,随着温度升高,晶体因辐照导致的各种性能的变化会渐渐恢复,晶体经历的最高温度越高,残余缺陷浓度就越低,当温度升到晶体测温上限,辐照晶体恢复到未辐照的水平,变化示意图如图 4 - 24 所示。

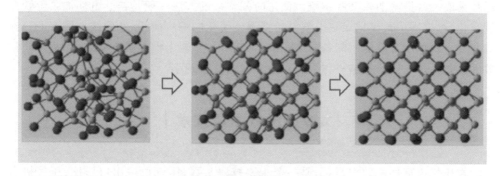

图 4 - 24　晶体恢复变化示意图

　　晶体所经历的最高温度和残余缺陷浓度具有一一对应的函数关系,通过前面的标定试验将二者的函数关系建立起来后,已知辐照晶体测温后的残余缺陷浓度,必然

能确定其所经历的最高温度,反之亦然。辐照晶体就是通过这样的方式进行温度测量的。

4.6.3 动态温度测试技术

压气机工作在不稳定状态时,如压气机失速喘振等,气温是随压气机工作状态而变化的,也随工作转速的变化而变化。此时气流温度不仅存在稳态误差,还存在动态响应误差,动态响应误差来源于温度传感器的热惯性。理想传感器应立即感受气体的任何温度变化,并能准确跟踪以任何速度变化的温度,然而,传感器具有一定质量,这种理想传感器是不存在的。由于热惯性,传感器所感受到的温度是跟不上气流温度变化的。所测温度 T_j 的变化是传感器本身的温度变化,而不是气流的真正温度 T_g 的变化,如图 4-25 所示。T_j

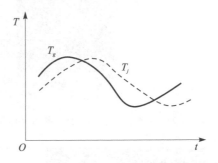

图 4-25 传感器测温与真正温度对比

不但在时间上滞后 T_g,而且在数值上也与 T_g 有偏差。

当气流的温度变化频率及流动状态确定后,动态误差的大小就取决于传感器的响应率,其响应率与传感器的物理性质有关。传感器的响应率是指传感器以多快的速度去接近被测气流的温度变化。通常用时间常数来表示温度传感器的响应特性,时间常数越小,表示传感器接近被测气流温度变化的速度越快,其动态误差也越小。动态温度传感器通常为热电偶,具有热结点热容量小、热惯性小、动态响应快、时间常数小等特点。

对热电偶动态温度测量来说,时间常数越小,响应越快,因而热电偶时间常数的测定和估算意义重大,影响时间常数的因素很多,实际应用中,为便于估算和测定,应尽量采取一些措施消除某些影响。测定时间常数的方法一般是给热电偶加一阶跃温度变化,然后用记录仪记录热电偶对阶跃温度变化的响应曲线,在曲线上量取上升到 63.2% 阶跃量所对应的时间,此即为时间常数。一旦热电偶的类型确定,影响时间常数的主要是热电偶的热结点,热结点越小,时间常数越小。

| 4.7 压力测量技术 |

在压气机部件试验中,压力是一个主要被测参数,压气机进出口压比、压气机出口总压恢复系数、流场畸变指数、气流速度等参数的测量,都需要测量压力。压力测量除了使用常规的压力探针对压气机进出口流场进行稳态压力测量外,动态压力测量也亟待解决。本节主要介绍了级间动态压力测试技术和动态压敏漆测试技术。

4.7.1　级间动态压力测试技术

级间动态压力测试在航空发动机压气机的试验研究中占有重要位置。这是因为多级压气机级间气动参数诊断技术的研究和发动机进气流场畸变对发动机性能的影响离不开动态压力测量,又如压气机的失速喘振,用稳态办法测量无法反映出真实情况,只能用动态方法测出压力的脉动快速变化,从而实现对参数的监测。

一般级间动态压力采用动态压力的传感器进行测量,该传感器具有以下几种特性:

① 具有较高的固有频率。选用传感器时,若阻尼比没有给定的情况下,要注意传感器的固有频率的大小,一般宜用工作频率是固有频率的 $10\% \sim 20\%$,此时相位滞后也很小,由其造成的输出波形畸变亦可忽略,这样可保证得到较大的工作频率范围。因此,用于测量动态压力的压力传感器又称为高频压力传感器。

② 具有较高的灵敏度。和测量静态压力一样,高灵敏度压力传感器可以得到较大的输出。另外,压力传感器的灵敏度越高,在同样大的输出下,其尺寸就可以做得越小。

③ 尺寸小。一方面,小尺寸压力传感器在使用时可以齐平安装,避免管腔的形成,这对提高测压系统动态特性是很有效的。另一方面,小尺寸的压力传感器一般具有较高的固有频率。

4.7.2　动态压敏漆测试技术

动态压敏漆技术主要应用在大面积压力测量方面,动态压敏漆技术是最近国内外压敏漆技术拓展方向之一。因传统的压力传感器自身体积较大,不适合布局于小空间旋转部件上。20 世纪 80 年代,Peleson 等人发表了以荧光氧淬灭为基础的表面流态显示技术,开启了压敏漆(PSP)的技术研究。压敏漆能够大面积地测量部件压力分布情况,响应时间也很短(约 6 s)。随着动态压敏漆技术的日渐成熟,响应时间缩短到了毫秒级别,如图 4 - 26 所示。

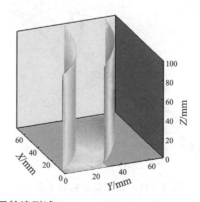

图 4 - 26　动态压敏漆测试

压敏漆是由发光体材料和基体材料粘接而成。当压敏漆受到某种光线照射时,压敏漆中某种发光体因子吸收光子被激活至高能状态。高能状态的分子就会辐射一种波长更长的光线而衰减回到其原始状态,同时,高能状态的分子通过与周围氧分子碰撞从而释放能量。释放的能量强度与周围氧分子的含量有关,而周围的氧分子含量与大气压力有关,所以通过测量释放能量的强度就可以间接测量空气压力。

| 4.8　受感器设计技术 |

在中小型航空发动机压气机试验过程中,为了了解压气机的性能及状态,需要获取相应的流道气动参数,目前在车台试验中,获取流道气动测试参数常用的工具是温度与压力受感器,而常用的受感器有总温受感器、总压受感器、叶型受感器等。

由于中小型航空发动机大量采用了整体结构件,且这些构件的几何尺寸相对较小,流道空间狭小,如果使用过多的常见的温度、压力受感器,就会造成堵塞比升高,从而影响压气机性能的测试精准度。如果采用复合受感器或叶型受感器,就可以有效减少受感器的安装数量,减小对流道的堵塞影响。

4.8.1　复合受感器设计技术

已有的流场测试方案中,在个别情况下考虑到试验件机匣空间尺寸的限制,要求一个安装孔能够同时测量温度、压力两个参数。中国航发动研所自主设计的某新型四点梳状总温总压复合探针如图 4 - 27 所示,其中通过图 4 - 28 所示的结构就可以保证测点的同一径向位置。

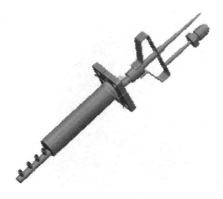

图 4 - 27　新型四点梳状总温
总压复合探针三维示意图

图 4 - 28　改进后复合受感器
滞止罩结构

4.8.2　叶型受感器设计技术

叶型探针技术是目前国内在压气机级间稳态流场测量中采用较多的一种测试技术,叶型探针以压气机静叶作为探针支杆,在其叶片表面(通常为前缘或压力面)沿径向固定探针,较大程度上减小了压气机通道的阻塞,可真实获取压气机各级转子出口稳态参数的大小和分布,能够较为准确地反映级间流场信息,为研究多级压气机内部复杂的流动现象和级间匹配机制提供可靠的试验支持。

将 1 支温度探针安装到某型压气机第 5 级静子叶片上,温度探针采用外径为 1 mm 的铠装 K 型热电偶,如图 4-29 所示,其信号通过外径 6 mm 的转接头转接到外带屏蔽的电缆,安装时通过压片进行固定。探针引线分别穿过叶根 T 型安装环和轴流机匣(设计有一个 M5 的螺纹孔)引出。

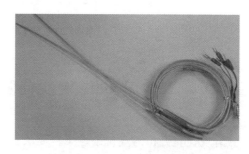

图 4-29　铠装 K 型热电偶

根据被测试验件的几何结构和流场特点,确定受感器的布局、引线方式和总体尺寸。根据经验和理论计算,设计温度探针的气动外形和内部结构,完成叶型温度探针装配、加工。对加工完的叶型温度探针进行校准,以保证级间参数测量的准确性。图 4-30 所示为测点气流方向角度示意图。

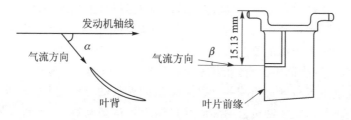

图 4-30　测点气流方向角度示意图

叶型温度探针加工首先是对滞止罩进行焊接固定,再用激光焊将滞止罩两侧牢固地焊接在叶片上。滞止罩安装好后,进行温度热电偶的安装,热电偶的安装位置由叶片底座上的引线孔和滞止罩确定,两个轴线垂直相交,相交部分由圆弧过渡,再将热电偶测点调整到滞止罩中心,先用少量硅胶固定,待硅胶固化之后用薄的压片焊接固定。为确保压片起到良好的固定作用,每个压片的焊接位置大致为该段管线的中部,每个压片不少于 8 个焊点。

安装完后,对叶片底座的引线孔进行密封,加工完成后的叶型温度探针如图 4-31 所示。

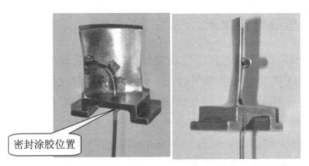

密封涂胶位置

图 4 - 31　加工完的叶型探针

| 4.9　叶尖间隙测量技术 |

随着现代直升机对高机动性飞行要求的不断提高,对航空发动机的要求也相应地提高,尤其是对压气机性能的要求也越来越高。为提高压气机的性能,就需要努力提高压气机的效率。手段之一是使转子叶尖与机匣之间的径向间隙尽可能小,以减少工作介质泄漏而造成的损失。叶尖间隙过大会降低发动机的性能,然而间隙过小,可能会产生叶尖与机匣碰磨,影响发动机的安全,这两个要求是对立的。在发动机转子机匣处采取主动间隙控制技术可以很好地改进压气机中的流动结构,提高发动机的效率。而合理地设计间隙或进行主动间隙控制,关键在于搞清间隙的实际变化情况,掌握它的变化规律。因此,对间隙进行准确的测量,给出间隙随不同转速及状态的变化规律,验证理论计算的合理性,在发动机研制过程中对优化设计、保证试验安全,具有实际的工程应用价值。

航空发动机叶尖间隙测量,尤其是组合压气机出口的间隙测量,由于出口温度很高,在高温环境下测量叶尖间隙一直以来属于世界级的测试难题。近半个世纪,英、美、俄一些先进的航空发动机公司和研究机构为了达到测试、控制间隙的目的,想尽了各种办法,投入了大量的人力物力,不断开发完善间隙测试技术和测试手段。目前大部分的航空发动机研制机构均采用电容式叶尖间隙测试方法。

电容式叶尖间隙测试是一项实用的叶尖间隙测试技术,现已广泛应用于压气机叶尖间隙的测量。其测量原理如图 4 - 32 所示,电容式叶尖间隙测试系统是通过测量叶尖和传感器之间的电容量的大小而间接测出叶尖和机匣之间的间隙。

电容式叶尖间隙测试的特点是灵敏度高、固有频率高、频带宽、动态响应性能好、能在数兆赫的频率下正常工作、功率小以及阻抗高等。它的精度受多方因素的影响,如测量时介质的介电常数的变化、环境干扰(磁场、电火花)、探头及机匣受热变形、校准误差等。

电容式叶尖间隙测试系统是由电容传感器、基准转速传感器、电容测量仪和数据

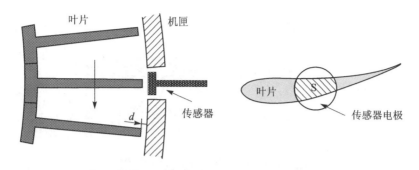

图 4 - 32　电容式叶尖间隙测试原理

采集处理系统四部分组成如图 4 - 33 所示。

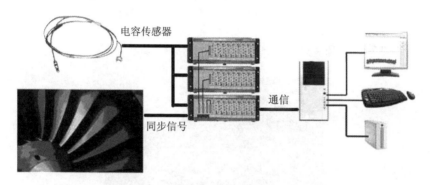

图 4 - 33　电容式叶尖间隙测试系统组成

电容式叶尖间隙测试工作原理如图 4 - 34 所示。

图 4 - 34　电容式叶尖间隙测试工作原理图

　　叶尖间隙电容传感器采集到的电容变化量传送到电容测量模块,该模块将信号转化为电压量便于之后的运算和处理。再通过 A/D 模块将这个与测量间隙成反比关系的电压量采集起来,送到叶尖间隙测试软件进行运算、存储、显示等处理。

　　电容式叶尖间隙测量系统已在中国航发动研所的压气机部件试验中广泛应用,并且在压气机试验件的安全监测和性能调试中发挥了重要作用,如图 4 - 35 所示。此外,为了避免电容式叶尖间隙测量探头在间隙测量过程中可靠性低的问题,中国航发动研所还发展了一种简单、可靠且易于实现的石磨棒接触式叶尖间隙测量技术,该技术可以测量获得压气机在整个运行过程中的最小间隙,也可以通过停车孔探检查转子是否发生刮磨等问题,虽然不能实现实时叶尖间隙监测,但因其可靠性显著高于电容式叶尖间隙测量探头,因此在动研所压气机试验中广泛应用,取得了良好效果,如图 4 - 36 所示。

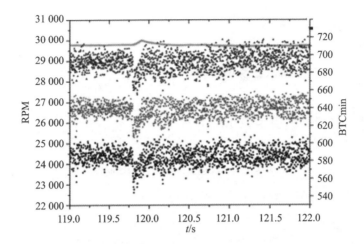

图4-35 某压气机转子叶尖间隙动态测量结果

图4-36 某离心压气机离心叶轮叶尖石墨棒接触式间隙测量

|参考文献|

[1] 中国航空工业总公司.压气机气动性能试验:HB 7115-1994[S].北京:中国标准出版社,1995.

[2] Paduano J D，Greitzer E M，Epstein A H，et al. Active Stabilization of Axial Compressors with Circumferential Inlet Distortion[J]. Journal of Turbomachinery，1998，120(3)：431-439.

[3] Greitzer E M，Epstein A H，Guenette G R，et al. Dynamic Control of Aerodynamic Instabilities in Gas Turbine Engines[J]. Steady and Transient Performance Prediction of Gas Turbine Engines，1992,5(8)：1-21.

[4] Gu G，Banda S，Sparks A. An Overview of Rotating Stall and Surge Control for Axial Flow Compressors[J]. IEEE Transactions on Control Systems Technology，2002，7(6):639-647.

[5] Nelson E B，Paduano J D，Epstein A H. Active Stabilization of Surge in an Axicentrifugal Turboshaft Engine[J]. Journal of Turbomachinery，2000，122(3): 485-493.

[6] Day I J. Stall，Surge，and 75 Years of Research[J]. Journal of Turbomachinery，2016，138(1):011001.1-011001.16.

[7] Bettocchi R，Pinelli M，Spina P R. A Multi-stage Compressor Test Facility：Uncertainty Analysis and Preliminty Test Results[J]. Journal of Engineering for Gas Turbines & Power，2003，127(1).

[8] Wernet M P，Bright M M. Dissection of Surge in a High Speed Centrifugal Compressor Using Digital PIV[C]//37th AIAA Aerospace Sciences Meeting and Exhibit，January 11-14，1999 ，Reno，NV.

[9] Clifford A B，Scott S，William O，et al. Wavelet Based Analysis of Rotating Stall and Surge in a High Speed Centrifugal Compressor[C]//38th AIAA/ASME/SAE/ASEE Joint Propulsion Conference and Exhibit，July 7 – 10，2002，Indianapolis，IN.

[10] Krichene A，Prasad J，Neumeier Y. Stall and Surge Control of Compressors Using Real Time Precursor Identification [C]//36th AIAA/ASME/SAE/AESS Joint Propulsion conference，July 17-19，2000，Huntsville，Alabama.

[11] Hagino N，Kashiwabara Y，Uda K. Prediction and Active Control of Surge Inception in Centrifugal Compressor System without Plenum [C]//41st AIAA/ASME/SAE/ASEE Joint Propulsion Conference & Exhibit. July 10-13，2005. ，Tucson，Arizona.

[12] Greitzer. E M. Surge and Rotating Stall in Axial Flow Compressors，Part Ⅰ：Theoretical Compression System Model[J]. Journal of Engineering for Power，1976，98(2):190.

[13] Bright M M，Qammar H K，Weigl H J，et al. Stall Precursor Identification in High-Speed Compressor Stages Using Chaotic Time Series Analysis Methods [C]// Asme International Gas Turbine& Aeroengine Congress & Exhibition. American Society of Mechanical Engineers，1996.

[14] 张靖煌. 一种捕捉预示压气机失稳预警信号的新方法的研究[J]. 航空动力学

　　报，2004，(02)：270-277.

[15] Dhingra M，Neumeier Y，Prasad J V R. A Stochastic Model for a Compressor Stability Measure[J]. Journal of Engineering for Gas Turbines and Power，2007，129(3)：730-737.

[16] 苏金友，吴锋，张大明，等. 高空舱内大流量进气收缩型面气动特性数值研究[J]. 燃气涡轮试验与研究，2014，27(2)：44-49.

[17] Shope F，Aboulmouna M. On the Importance of Contraction Design for Superson Wind Tunnel Nozzles [C]//26th AIAA Aerodynamic Measurement Technology and Ground Testing Conference. 2008.

[18] 刘振崇. 高低速风洞气动与结构设计[M]. 北京：国防工业出版社，2011.

[19] 丛成华，陈振华，彭强. 跨超声速风洞大开角段设计技术研究[J]. 空气动力学学报，2011，29(1)：86-90.

[20] 李红喆，廖达雄，丛成华. 连续式跨声速风洞大开角段整流装置设计数值模拟[J]. 空气动力学学报，2015，33(2)：199-203.

[21] 黄知龙，张国彪，刘晓波，等. 暂冲式风洞大开角扩散段性能的实验研究[J]. 实验流体力学，2011，25(3)：21-23.

[22] 张玉贵. 烟气轮机叶片振动的非接触式在线监测关键技术研究[D]. 天津：天津大学，2008.

[23] 徐昶. 汽轮机叶片振动状态监测的实验研究[D]. 保定：华北电力大学，2005.

[24] 张万杰. 基于单传感器汽轮机叶片振动非接触测量方法的研究[D]. 保定：华北电力大学，2006.

[25] 齐凤慧. 汽轮机叶片状态监测与诊断方法的研究应用[D]. 保定：华北电力大学，2003.

[26] 蒋熙馨. 基于光纤 brag 光栅的叶轮机振动检测及压力检测[D]. 武汉：武汉理工大学，2009.

[27] 张世海. 汽轮机叶片振动动态测量方法与技术研究 [D]. 长沙：长沙理工大学，2009.

[28] 彭建，刘兵. 压气机转子叶片动频动应力测试技术和应用研究[J]. 燃气涡轮试验与研究，2003，16(1)：10-13.

[29] 杨秉玉，刘启洲. 喘振状态下叶片振动响应的试验研究[J]. 燃气涡轮试验与研究，2002，15(2)：31-35.

[30] Oberholster A J，Heyns P S. Online Condition Monitoring of Axialflow Turbomachinery Blades Using Rotor-axial Eulerian Laser Doppler Vibrometry

[J]. Mechanical Systems and Signal Processing，2009，23：1634-1643.

[31] 谢志江，唐一科，韩治华. 叶轮机械叶片故障的叶间状态参数诊断法[J]. 中国机械工程，2003，14(13)：1080-1084.

[32] 唐一科，柯研，谢志江. 叶轮机械叶片状态监测与故障诊断的现状与发展[J]. 噪声与振动控制，2003，(6)：5-8.

[33] 欧阳涛. 基于叶尖定时的旋转叶片振动检测及参数辨识技术[D]. 天津：天津大学，2011.

[34] Nieberding W C，Pollack J L. Optical Detection of Blade Flutter[J]. NASA Technical Memorandum，1977.

[35] Heath S，Imregun M. An Improved Single Parameter Tip-timing Method For-turbomachinery Blade Vibration Measurement Using Laser Probes[J]. International Journal of Mechanical Science，1996，38(10)：1047-1058.

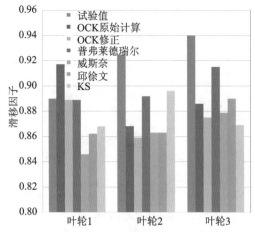

图 2-25 滑移因子计算值
与试验值对比

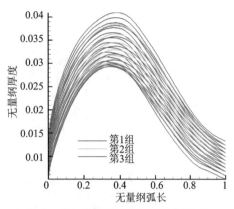

图 2-42 三组适应不同来流条件的
参数生成的厚度分布(边界相同)

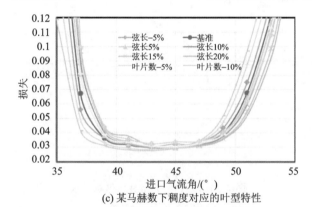

(c) 某马赫数下稠度对应的叶型特性

图 2-109 中国航发动研所叶型数据库的统计及叶型推荐

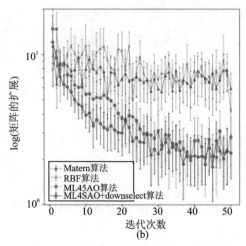

(b)

图 2-110 机器学习优化过程及预测收敛过程

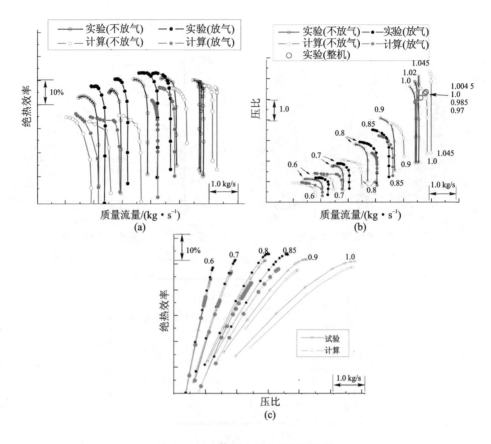

图 2-151　算例 2 组合压气机特性

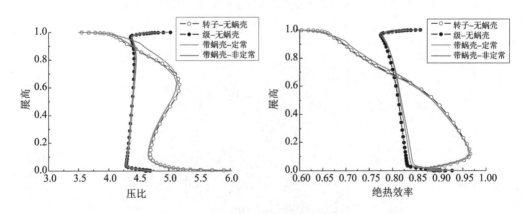

图 2-155　定常/非定常仿真的转子/级压比和绝热效率沿展向的分布

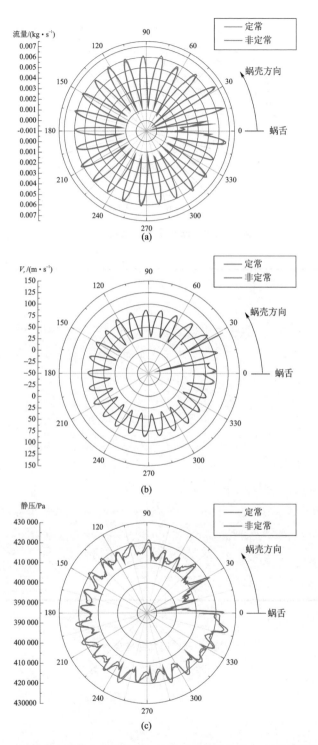

图 2 - 156　定常/非定常仿真的蜗壳进口流量和展向平均的 V_r 及静压的周向分布

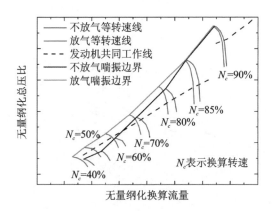

图 2-168 低压压气机流量-压比特性

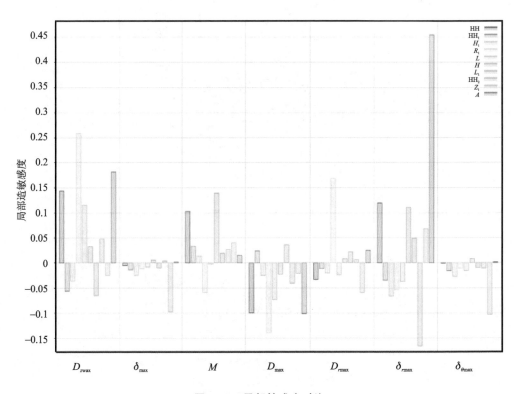

图 3-6 局部敏感度对比